农村沼气工实用手册

◎ 胡明阁 主编

中国农业科学技术出版社

图书在版编目（CIP）数据

农村沼气工实用手册 / 胡明阁主编．—北京：中国农业科学技术出版社，2011．3

ISBN 978－7－5116－0377－7

Ⅰ．①农…　Ⅱ．①胡…　Ⅲ．①农村－甲烷－综合利用－手册　Ⅳ．①S216．4－62

中国版本图书馆 CIP 数据核字（2010）第 257007 号

责任编辑　徐　毅　杨博文
责任校对　贾晓红

出 版 者　中国农业科学技术出版社
北京市中关村南大街 12 号　邮编：100081
电　　话　（010）82106631（编辑室）（010）82109704（发行部）
（010）82109703（读者服务部）
传　　真　（010）82106636
网　　址　http：//www. castp. cn
经 销 者　新华书店北京发行所
印 刷 者　北京华忠兴业印刷有限责任公司
开　　本　850 mm×1 168 mm　1/32
印　　张　7
字　　数　200 千字
版　　次　2011 年 3 月第 1 版　2012 年 1 月第 3 次印刷
定　　价　25. 00 元

版权所有·翻印必究

《农村沼气工实用手册》编写人员

主　　编　胡明阁

副 主 编　杨宏宪　张　凯　姚善厚

编写人员　（以姓氏笔画为序）

方　涛　尹　燕　刘　军　刘　威　刘玉莉
刘建杰　朱邦友　李春红　向家海　杨宏宪
杨　林　杨保全　张　凯　张建华　张新华
朱庭友　汪晓峰　陈崇豫　吴龙超　罗　峥
胡明阁　贺善学　姚善厚　董瑞祥　裴晓蔚
樊　航

《农村沼气工实用手册》
编 委 会

主　　任　潘　晟

副 主 任　胡明阁　张华忠　杨宏宪

成　　员　（以姓氏笔画为序）

王亚军　王亚玲　方　涛　尹　燕　刘　军
刘　岿　刘　威　刘玉莉　刘建杰　朱邦友
李春红　向家海　杨　林　杨宏宪　杨保全
吴　建　张　凯　张建华　张华忠　张新华
张学斌　宋庭友　汪晓峰　陈崇豫　吴龙超
罗　峥　范拥义　姜　帆　胡明阁　贺善学
姚善厚　顾西勇　柴　杰　姬锐锋　黄　刚
鲁德秀　董瑞祥　裴晓蔚　潘　晟　樊　航

前　言

沼气是农作物秸秆、人畜粪便和生活污水等有机物质在一定水分、温度和厌氧条件下，经微生物发酵产生的一种方便、清洁、高品位的可燃气体，具有炊事、照明、供热、发电等多种用途。沼液和沼渣是优质、高效的有机肥料，对于提高农产品产量、品质和防止病虫害有明显的作用。发展农村沼气，对于开发新型清洁能源、缓解国家能源压力、促进循环农业发展、增加农民收入、提高农民生活质量、治理农村“脏乱差”、改善人居环境、保护林草植被、维持生态平衡等都具有重要意义。

我国推广农村沼气始于20世纪70年代，当时主要是为了解决农村燃料严重短缺问题，由于技术不成熟，建池材料多是三合土，容易漏水、漏气，发酵原料主要是秸秆，除渣比较麻烦，导致大多数沼气池在短期使用后报废。80年代中后期，改革给农村带来巨大变化，为满足广大农民对清洁、方便和低成本能源的需求，以燃料改进和能源开发为主要目标的农村沼气建设又重新兴起，但因为忽视了与农业生产和农民增收的结合，加上配套产品开发滞后，沼气池的好处未能完全显现，作用没有充分发挥。进入21世纪，随着生态家园富民计划的全面实施，沼气形成了技术先进、经济实用、效益明显、适用于不同区域推广的规范的建设标准。建池采用砖结构、混凝土现浇、预制板块或玻璃钢商品化池，解决了漏水、漏气问题，同时，把畜禽粪便作为主要发酵原料，采用新的池型实现了自动进出料。更重要的是沼气建设与增加农民收入、提高农民生活质量、改善农村面貌和生态环境等紧密结合，并得到了党和国家的高度重视，各级投入不断增加。目前，作为农村基础设施建设“六小工程”之一的沼气建设，正以其显著的经济效益、社会效益和生态效益，在节能减排、全面建设小康社会和新农村建设中发挥着重要作用，已成为深受各级政府和广大农民欢迎的能源工程、生态工程、清洁工程、富民工程、民心工程。

农村沼气建设能够取得今天的成绩，是各级党政的重视、有关部门的支持和广大农民的参与，以及广大科研、推广、管理工作者共同努力的结果，也得益于对基层从事农村沼气生产和管理、服务人员的大力培训。为了进一步做好农村沼气工培训工作，农业部办公厅2010年9月制定印发了《农村劳动力转移培训阳光工程沼气工培训规范》，明确将沼气工分为沼气生产工和沼气物管员，对两类人员培训内容提出了具体要求。根据《培训规范》要求，我们组织河南省信阳市从事沼气推广与管理工作多年的专业技术人员编辑出版了《农村沼气工实用手册》一书，本书共分为十一章，主要内容包括：沼气的基本知识、沼气池的施工、管路安装、故障判断维修、启动与运行管理、安全生产使用、大中型沼气工程、生活污水净化沼气池以及沼气、沼液和沼渣的综合利用和模式。力求能为农村沼气工培训和各级农村能源部门工作人员提供一部全面、实用的学习用书。在本书编写过程中，得到了河南省农业厅、河南农业大学、河南省能源研究所以及信阳市农业局、信阳市农科所、信阳农业高等专科学校和部分县区农业局、农村能源环保站等单位有关专家、专业技术人员的支持、指导，并参阅了国内有关研究成果和经验，在此一并致谢。

由于编者知识和水平有限，加之时间仓促，书中难免有不当之处，敬请读者批评指正。

编　者

2011年2月

目　　录

第一章　沼气基础知识

第一节　沼气的概念与特性

一、什么是沼气

在日常生活中，特别是在气温较高的夏、秋季节，人们经常可以看到，从死水塘、污水沟、储粪池中，咕嘟咕嘟地向表面冒出许多小气泡，如果把这些小气泡收集起来，用火点，便可产生蓝色的火苗，这种可以燃烧的气体就是沼气。由于它最初是从沼泽中发现的（图1－1），所以叫做沼气（marsh gas）。沼气又是有机物质在厌氧条件下产生出来的气体，因此，又称为生物气（biogas）。

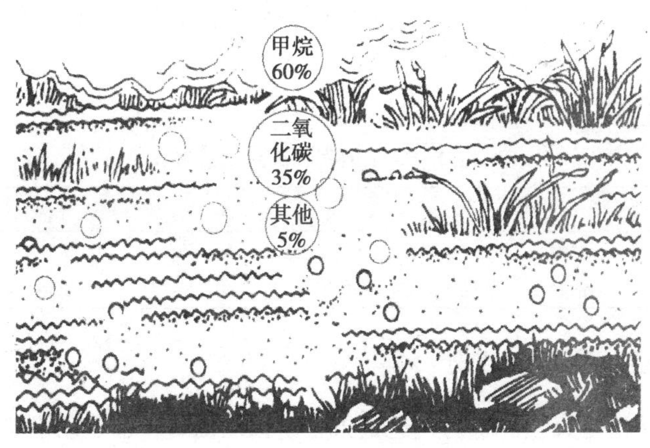

图1－1　沼气的产生

沼气实质上是人畜粪尿、生活污水和植物茎叶等有机物质在一定的水分、温度和厌氧条件下，经沼气微生物的发酵转换而成的一种方便、清洁、优质、高品位气体燃料，可以直接炊事和照明，也可以供热、烘干、贮粮。沼气发酵剩余物是一种高效有机肥料和养殖辅助营养料，与农业主导产业相结合，进行综合利用，可产生显著的综合效益。

二、沼气的来源

沼气发酵是自然界中普遍而典型的物质循环过程，按其来源不同，可分为天然沼气和人工沼气两大类。天然沼气是在没有人工干预的情况下，由于特殊的自然环境条件而形成的。除广泛存在于粪坑、阴沟、池塘等自然界厌氧生态系统外，地层深处的古代有机体在逐渐形成石油的过程中，也产生一种性质近似于沼气的可燃性气体，叫做“天然气”。人类在分析掌握了自然界产生沼气的规律后，便有意识地模仿自然环境建造沼气池，将各种有机物质作为原料，用人工的方法制取沼气，这就是“人工沼气”。人工沼气的性质近似于天然气，但也有不同之处，其主要不同点见表1-1。

表1-1　人工沼气和天然气的差异

气体种类	制取方法	可燃成分	含量（%）	热值（千焦/立方米）
人工沼气	发酵法	甲烷、氢气	55~70	20 000~29 000
天然气	钻井法	甲烷、丙烷、丁烷、戊烷	90以上	36 000左右

三、沼气的成分

无论是天然产生的，还是人工制取的沼气，都是以甲烷为主要成分的混合气体，其成分不仅随发酵原料的种类及相对含量不同而有变化，而且因发酵条件及发酵阶段的不同而各有差异。一般情况下，沼气中的主要成分是甲烷（CH_4）、二氧化碳（CO_2）和少量的硫化氢（H_2S）、氢（H_2）、一氧化碳（CO）、氮（N_2）等气体。其中，甲烷占50%～70%、二氧化碳占30%～40%，其他成分含量极少。沼气中的甲烷、氢气、一氧化碳等是可以燃烧的气体，人类主要利用这一部分气体的燃烧来获得能量。

四、沼气的性质

沼气是一种无色气体，它常含有微量的硫化氢（H_2S）气体，在脱除硫化氢前，有轻微的臭鸡蛋味，燃烧后，臭鸡蛋味消除。沼气的主要成分是甲烷（CH_4），它的理化性质也近似于甲烷（CH_4）（表1－2）。

表1－2　甲烷与沼气的主要理化性质

理化特性	甲烷（CH_4）	标准沼气（$CH_4$60%，CO_2＜40%）
体积百分比（%）	54～80	100
热值（千焦/立方米）	35 820	21 520
密度（克/升 标准状态）	0.72	1.22
比重（与空气相比）	0.55	0.94
临界温度（℃）	－82.5	－25.7～48.42
临界压力（$\times 10^5$ 帕）	46.4	59.35～53.93
爆炸范围（与空气混合的体积百分比）	5～15	8.80～24.4
气味	无	微臭

1. 热值　甲烷是一种发热值相当高的优质气体燃料。1立方米纯甲烷，在标准状况下完全燃烧，可放出35 822千焦的热量，最高温度可达1 400℃。沼气中因含有其他气体，发热量稍低一点，为20 000～29 000千焦，最高温度可达1 200℃。因此，在人工制取沼气中，应创造适宜的发酵条件，以提高沼气中甲烷的含量。

2. 比重　与空气相比，甲烷的比重为0.55，标准沼气的比重为0.94。所以，在沼气池气室中，沼气较轻，分布在上层；二氧化碳较重，分布于下层。沼气比空气轻，在空气中容易扩散，扩散速度比空气快3倍。当空气中甲烷的含量达25%～30%时，对人、畜有一定的麻醉作用。

3. 溶解度 甲烷在水中的溶解度很小，在20℃、一个大气压下，100单位体积的水只能溶解3个单位体积的甲烷，这就是沼气不但在淹水条件下生成，还可用排水法收集的原因。

4. 临界温度和压力 气体从气态变成液态时，所需要的温度和压力称为临界温度和临界压力。标准沼气的平均临界温度为-37℃，平均临界压力为56.64×10^{5}帕（即56.64个大气压力）。这说明沼气液化的条件是相当苛刻的，也是沼气只能以管道输气，不能液化装罐作为商品能源交易的原因。

5. 分子结构与尺寸 甲烷的分子结构是一个碳原子和四个氢原子构成的等边三角四面体，分子量为16.04。其分子直径为3.76×10^{-10}米（3.76埃），约为水泥砂浆孔隙的1/4，这是研制复合涂料，提高沼气池密封性的重要依据。

6. 燃烧特性 甲烷是一种优质气体燃料，一个体积的甲烷需要两个体积的氧气才能完全燃烧。氧气约占空气的1/5，而沼气中甲烷含量为60%～70%，所以，一个体积的沼气需要6～7个体积的空气才能充分燃烧。这是研制沼气用具和正确使用沼气用具的重要依据。

7. 爆炸极限 在常压下，标准沼气与空气混合的爆炸极限是8.8%～24.4%；沼气与空气按1∶10的比例混合，在封闭条件下，遇到火会迅速燃烧、膨胀，产生很大的推动力。因此，沼气除了可以用于炊事、照明外，还可以用作动力燃料。

了解和熟悉沼气的上述主要理化性质，对于制取和利用沼气有重要意义。

第二节 沼气发酵的基本原理

沼气发酵又称为厌氧消化、厌氧发酵或甲烷发酵，是指有机物质（如人畜家禽粪便、秸秆、杂草等）在一定的水分、温度和厌氧条件下，通过种类繁多、数量巨大、功能不同的各类微生物的分解代谢，最终形成甲烷和二氧化碳等混合性气体（沼气）的复杂的生物化学过程。

一、沼气发酵微生物

沼气发酵微生物是人工制取沼气最重要的因素，只有有了大量的沼气微生物，并使各种类群的微生物得到基本的生长条件，沼气发酵原料才能在微生物的作用下转化为沼气。

（一）沼气微生物的种类

沼气发酵是一种极其复杂的微生物和化学过程，这一过程的发生和发展是5大类群微生物生命活动的结果。它们是：发酵性细菌、产氢产乙酸菌、耗氢产乙酸菌、食氢产甲烷菌和食乙酸产甲烷菌。这些微生物按照各自的营养需要，起着不同的物质转化作用。从复杂有机物的降解，到甲烷的形成，就是由它们分工合作和相互作用而完成的。

在沼气发酵过程中，5大类群细菌构成一条食物链，从各类群细菌的生理代谢产物或它们的活动对发酵液酸碱度（pH）的影响来看，沼气发酵过程可分为产酸阶段和产甲烷阶段。前3群细菌的活动可使有机物形成各种有机酸，因此，将其统称为不产甲烷菌。后2群细菌的活动可使各种有机酸转化成甲烷，因此，将其统称为产甲烷菌。

1. 不产甲烷菌 在沼气发酵过程中，不能直接产生甲烷的微生物统称为不产甲烷菌。不产甲烷菌能将复杂的大分子有机物变成简单的小分子量化合物。它们的种类繁多，现已观察到的包括细菌、真菌和原生动物3大类。以细菌种类最多，目前已知的有18个属51个种，随着研究的深入和分离方法的改进，还在不断发现新的属种。根据微生物的呼吸类型，可将其分为好氧菌、厌氧菌、兼性厌氧菌3种类型。其中，厌氧菌数量最大，比兼性厌氧菌、好氧菌多100~200倍，是不产甲烷阶段起主要作用的菌类。根据作用基质来分，有纤维分解菌、半纤维分解菌、淀粉分解菌、蛋白质分解菌、脂肪分解菌和其他一些特殊的细菌，如产氢菌、产乙酸菌等。

2. 产甲烷菌　在沼气发酵过程中，利用小分子量化合物形成沼气的微生物统称为产甲烷菌。如果说微生物是沼气发酵的核心，那么产甲烷菌就是沼气发酵微生物的核心，产甲烷菌是一群非常特殊的微生物。它们严格厌氧，对氧和氧化剂非常敏感，适宜在中性或微碱性环境中生存繁殖。它们依靠二氧化碳和氢气生长，并以废物的形式排出甲烷，是要求生长物质最简单的微生物。

产甲烷菌生长缓慢，繁殖倍增时间一般都比较长，长者达4~6天，短者3小时左右，大约为产酸菌繁殖倍增时间的15倍。由于产甲烷菌繁殖较慢，在发酵启动时，需加入大量甲烷菌种。产甲烷菌在自然界中广泛分布，如土壤中，湖泊、沼泽中，反刍动物（牛、羊等）的消化道，淡水或碱水池塘污泥中，下水道污泥，腐烂秸秆堆，牛马粪以及城乡垃圾堆中都有大量的产甲烷菌存在。

（二）沼气发酵微生物的作用

在沼气发酵过程中，不产甲烷菌与产甲烷菌相互依赖，互为对方创造维持生命活动所需的物质基础和适宜的环境条件；同时又相互制约，共同完成沼气发酵过程。它们之间的相互关系主要表现在下列几个方面。

1. 不产甲烷菌为产甲烷菌提供营养 原料中的碳水化合物、蛋白质和脂肪等复杂有机物不能直接被产甲烷菌吸收利用，必须通过不产甲烷菌的水解作用，使其形成可溶性的简单化合物，并进一步分解，形成产甲烷菌的发酵基质。这样，不产甲烷菌通过其生命活动为产甲烷菌源源不断地提供合成细胞的基质和能源；另一方面，产甲烷菌连续不断地将不产甲烷菌所产生的乙酸、氢和二氧化碳等发酵基质转化为甲烷，使厌氧消化中不致有酸和氢的积累，不产甲烷菌也就可以继续正常的生长和代谢。由于不产甲烷菌与产甲烷菌的协同作用，使沼气发酵过程达到产酸和产甲烷的动态平衡，维持沼气发酵的稳定运行。

2. 不产甲烷菌为产甲烷菌创造适宜的厌氧生态环境 在沼气发酵启动阶段，由于原料和水的加入，在沼气池中随之进入了大量的空气，这显然对产甲烷菌是有害的，但是由于不产甲烷菌类群中的好氧和兼性厌氧微生物的活动，使发酵液的氧化还原电位不断下降（氧化还原电位愈低，厌氧条件愈好），逐步为产甲烷菌创造厌氧生态环境。

3. 不产甲烷菌为产甲烷菌清除有毒物质 在以工业废水或废弃物为发酵原料时，其中往往含有酚类、苯甲酸、氰化物、长链脂肪酸和重金属等物质。这些物质对产甲烷菌是有毒害作用的。而不产甲烷菌中有许多菌能分解和利用上述物质，这样就可以解除对产甲烷菌的毒害。此外，不产甲烷菌发酵产生的硫化氢（H_2S）可以与重金属离子作用，生成不溶性的金属硫化物而沉淀下来，从而解除了某些重金属的毒害作用。

4. 不产甲烷菌与产甲烷菌共同维持环境中适宜的酸碱度 在沼气发酵初期，不产甲烷菌首先降解原料中的淀粉和糖类等，产生大量的有机酸。同时，产生的二氧化碳（CO_2）也部分溶于水，使发酵液的酸碱度下降。但是，由于不产甲烷菌类群中的氨化细菌迅速进行氨化作用，产生的氨气（NH_3）可中和部分有机酸。同时，由于甲烷菌不断利用乙酸、氢和二氧化碳形成甲烷，而使发酵液中有机酸和二氧化碳的浓度逐步下降。通过两类群细菌的共同作用，就可以使发酵液酸碱度稳定在一个适宜的范围。因此，在正常发酵的沼气池中，发酵液酸碱度始终能维持在适宜的状态而不用人为的控制。

（三）沼气发酵微生物的特点

理论和实践证明，沼气发酵过程实质上是多种类群微生物的物质代谢和能量代谢过程，在此过程中，沼气发酵微生物是核心，其发酵工艺过程及工艺条件的控制都以沼气发酵微生物学为理论指导。其具有以下特点。

1. 分布广，种类多　沼气微生物在自然界中分布广，在沼泽、粪池、污水池以及阴沟污泥中，存在有各种各样的沼气发酵微生物，种类达200～300种，它们是可利用的沼气发酵菌种的源泉。

2. 繁殖快，代谢强　在适宜条件下，微生物有很高的繁殖速度。产酸菌在生长旺盛时，20分钟或更短的时间内就可以繁殖一代，产甲烷菌繁殖速度较慢，约为产酸菌的1/15。微生物所以能够出现这样高的繁殖速度，主要因为它们具有极大的表面积和体积比值。例如，直径为1微米的球菌，其面积和体积的比值为6万，而人的这种比值却不到1。所以，它能够以极快的速度与外界环境发生物质交换，使之具有很强的代谢能力。

3. 适应性强，容易培养　与高等生物相比，多数微生物适应性较强，并且容易培养。在自然条件下，成群体状态生长的微生物更是如此。例如，沼气池里的微生物（主要是厌氧和兼性厌氧两大菌群）在10～60℃条件下，都可以利用多种多样的复杂有机物进行沼气发酵。有时经过驯化培养后的微生物可以加快这种反应，从而更有效地达到生产能源和保护环境的目的。

二、沼气发酵过程

沼气发酵过程，实质上是微生物的物质代谢和能量转换过程，在分解代谢过程中，沼气微生物获得能量和物质，以满足自身生长繁殖，同时，大部分物质转化为甲烷（CH_4）和二氧化碳（CO_2）。这样各种各样的有机物质不断地被分解代谢，就构成了自然界物质和能量的重要环节。科学测定分析表明，有机物约有90%被转化为沼气，10%被沼气微生物自身消耗。所以说，发酵原料生成沼气是通过一系列复杂的生物化学反应来实现的。这个过程大体上分为水解发酵、产酸和产甲烷3个阶段。

（一）水解发酵阶段

各种固体有机物通常不能进入微生物体内被微生物利用，必须在好氧或厌氧微生物分泌的胞外酶、表面酶（纤维素酶、蛋白酶、脂肪酶）的作用下，将固体有机质水解成分子量较小的可溶性单糖、氨基酸、甘油、脂肪酸。这些分子量较小的可溶性物质就可以进入微生物细胞之内被进一步分解利用（图1－2）。

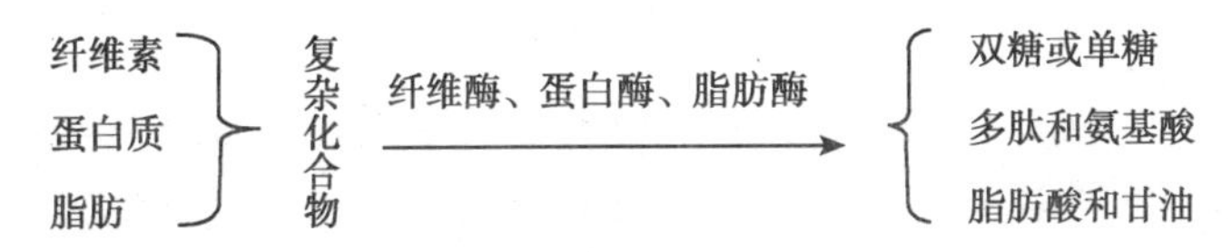

图1－2　水解发酵阶段示意图

（二）产酸阶段

各种可溶性物质（单糖、氨基酸、脂肪酸），在纤维素细菌、蛋白质细菌、脂肪果胶细菌胞内酶作用下继续分解转化成低分子物质，如丁酸、丙酸、乙酸以及醇、酮、醛等简单有机物质。同时，也有部分氢（H_2）、二氧化碳（CO_2）和氨（NH_3）等无机物的释放。在这个阶段中，主要的产物是乙酸，占70%以上，所以称为产酸阶段。参加这一阶段的细菌称之为产酸菌

（图1－3）。

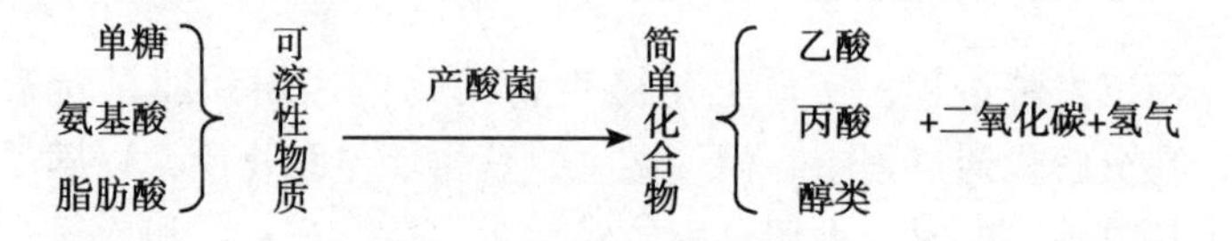

图1－3　产酸阶段示意图

上述两个阶段是一个连续过程，通常称之为不产甲烷阶段，它是复杂的有机物转化成沼气的先决条件。

（三）产甲烷阶段

由产甲烷菌将第二阶段分解出来的乙酸等简单有机物分解成甲烷和二氧化碳，其中，二氧化碳在氢气的作用下还原成甲烷。这一阶段叫产气阶段，或叫产甲烷阶段（图1－4）。

乙酸
丙酸　简单化合物　——甲烷菌——→　甲烷+二氧化碳
醇类

图1－4　产甲烷阶段示意图

综上所述，有机物变成沼气的过程，好比工厂里生产一种产品的3道工序，1～2道工序是分解细菌将复杂有机物加工成半成品——结构简单的化合物，第3道工序是在甲烷菌的作用下，将半成品加工成产品即生成甲烷气。

第三节　沼气发酵的基本条件

一、合理的原料碳氮比

沼气发酵原料是沼气微生物赖以生存的物质基础，也是沼气微生物进行生命活动和产生沼气的营养物质。沼气发酵原料按其物理形态分为固态原料和液态原料两类；按其营养成分又有富氮原料和富碳原料之分；按其来源分为农村沼气发酵原料、城镇沼气发酵原料和水生植物三类。

富氮原料通常指富含氮元素的人、畜和家禽粪便，这类原料经过了人和动物肠胃系统的充分消化，一般颗粒细小，含有大量低分子化合物——人和动物未吸收消化的中间产物，含水量较高。因此，在进行沼气发酵时，它们不必进行预处理，就容易厌氧分解，发酵期较短，产气很快。

富碳原料通常指富含碳元素的秸秆和秕壳等农作物的残余物，这类原料富含纤维素、半纤维素、果胶以及难降解的木质素和植物蜡质。干物质含量比富氮原料高，且质地疏松，比重小，进沼气池后容易飘浮形成发酵死区——浮壳层，发酵前一般需经预处理。富碳原料厌氧分解比富氮原料慢，产气周期较长。

氮素是构成沼气微生物躯体细胞质的重要原料，碳素不仅构成微生物细胞质，而且提供生命活动的能量。发酵原料的碳氮比不同，其发酵产气情况差异也很大。从营养学和代谢作用角度看，沼气发酵细菌消耗碳的速度比消耗氮的速度要快 25～30 倍。因此，在其他条件都具备的情况下，碳氮比例配成 25～30：1 可以使沼气发酵在合适的速度下进行。如果比例失调，就会使产气和微生物的生命活动受到影响。因此，制取沼气不仅要有充足的原料（表 1－3），还应注意各种发酵原料碳氮比的合理搭配。

表 1－3　沼气池容积与畜禽饲养量的关系

项目	单位	成猪	成牛	成羊	成鸡
日排粪量	千克	3.0	15.0	1.5	0.1
总固体	%	18.0	17.0	75	30.0
6 立方米沼气池	头、只	5	1	20	167
8 立方米沼气池	头、只	7	2	28	222
10 立方米沼气池	头、只	8	3	32	278

二、质优量足的菌种

沼气发酵微生物是人工制取沼气的内因条件，一切外因条件都是通过这个基本的内因条件才能起作用。因此，沼气发酵的前提条件就是要接入含有大量这种微生物的接种物，或者说含量丰富的菌种。

沼气发酵微生物都是从自然界来的，而沼气发酵的核心微生物菌落是产甲烷菌群，一切具备厌氧条件和含有机物的地方都可以找到它们的踪迹。它们的生存场所，或者说人们采集接种物的来源主要有如下几处：沼气池、湖泊、沼泽、池塘底部；阴沟污泥之中；积水粪坑之中；动物肠道及其粪便之中；屠宰场、酿造厂、豆制品厂、副食品加工厂等阴沟之中以及人工厌氧消化装置之中。给新建的沼气池加入丰富的沼气微生物群落，目的是为了很快地启动发酵，而后又使其在新的条件下繁殖增生，不断富集，以保证大量产气。农村沼气池一般加入接种物的量为总投料量的10%～30%。在其他条件相同的情况下，加大接种量，产气快，气质好，启动不易出现偏差。

三、严格的厌氧环境

沼气微生物的核心菌群——产甲烷菌是一种厌氧性细菌，对氧特别敏感，它们在生长、发育、繁殖、代谢等生命活动中都不需要空气，空气中的氧气会使其生命活动受到抑制，甚至死亡。产甲烷菌只能在严格厌氧的环境中才能生长。所以，修建沼气池，要严格密闭，不漏水，不漏气，这不仅是收集沼气和贮存沼气发酵原料的需要，也是保证沼气微生物在厌氧的生态条件下生活得好，使沼气池能正常产气的需要。这就是为什么把漏水、漏气的沼气池称为“病态池”的道理。

四、适宜的发酵温度

温度是沼气发酵的重要外因，温度适宜则细菌繁殖旺盛，活力强，厌氧分解和生成甲烷的速度就快，产气就多。研究发现，在10～60℃的范围内，沼气均能正常发酵产气。低于10℃或高于60℃都严重抑制微生物生存、繁殖，影响产气。在这一温度范围内，一般温度愈高，微生物活动愈旺盛，产气量愈高（图1－5）。微生物对温度变化十分敏感，温度突升或突降，都会影响微生物的生命活动，使产气状况恶化。

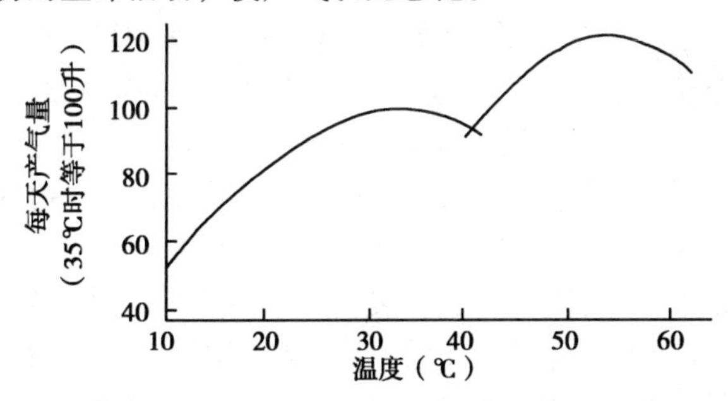

图1－5　温度对产气率的影响

通常把发酵温度区分为3个范围，即把46～60℃称为高温发酵，28～38℃称为中温发酵，10～26℃称为常温发酵。农村沼气池靠自然温度发酵，属于常温发酵。常温发酵虽然温度范围较广，但在10～26℃范围内，温度越高，产气越好。这就是为什么沼气池在夏季，特别是气温最高的7月产气量大，而在冬季最冷的1月产气很少，甚至不产气的原因，也是农村沼气池在管理上强调冬天必须采取越冬措施，以保证正常产气的原因。但是在40～45℃发酵效率较低，实践中应避开这个温度范围。

五、适宜的酸碱度

沼气微生物的生长、繁殖，要求发酵原料的酸碱度保持中性，或者微偏碱性，过酸、过碱都会影响产气。测定表明，酸碱度6~8，均可产气，以6.5~7.5产气量最高，pH低于6或高于9时均不产气。

六、适度的发酵浓度

农村沼气池的负荷常用容积有机负荷表示，即单位体积沼气池每天所承受的有机物的数量，通常以千克COD/（立方米·天）为单位。容积负荷是沼气池设计和运行的重要参数，其大小主要由厌氧活性污泥的数量和活性决定的。

农村沼气池的负荷通常用发酵原料浓度来体现，适宜的干物质浓度为4%~10%，即发酵原料含水量为90%~96%。发酵浓度随着温度的变化而变化，夏季一般为6%左右，冬一般为8%~10%。浓度过高或过低，都不利于沼气发酵。浓度过高，则含水量过少，发酵原料不易分解，并容易积累大量酸性物质，不利于沼气菌的生长繁殖，影响正常产气。浓度过低，则含水量过多，单位容积里的有机物含量相对减少，产气量也会减少，不利于沼气池的充分利用。

七、适当的搅拌

静态发酵沼气池原料加水混合与接种物一起投进沼气池后，按其比重和自然沉降规律，从上到下将明显的逐步分成浮渣层、清液层、活性层和沉渣层（图1-6）。这样的分层分布，对微生物以及产气是很不利的。这会导致原料和微生物分布不均，大量的微生物集聚在底层活动，因为此处接种污泥多，厌氧条件好，但原料缺乏，尤其是用富碳的秸秆作原料时，容易漂浮到料液表层，不易被微生物吸收和分解，同时形成的密实结壳，不利于沼气的释放。为了改变这种不利状况，就需要采取搅拌措施，变静态发酵为动态发酵。

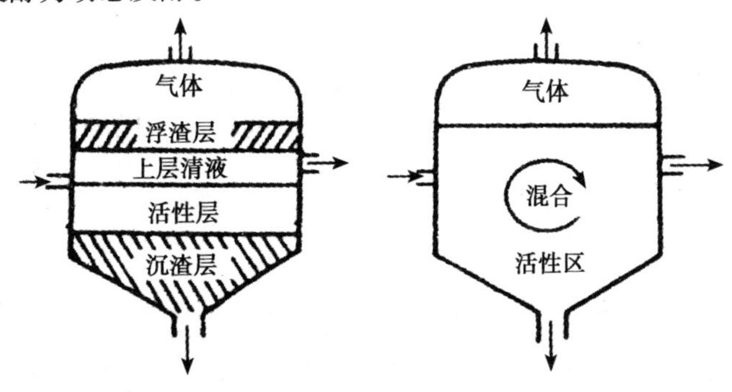

图 1－6　沼气静态发酵和动态发酵状态

沼气池的搅拌通常分为机械搅拌、气体搅拌和液体搅拌 3 种方式。机械搅拌是通过机械装置运转达到搅拌目的；气体搅拌是将沼气从池底部冲进去，产生较强的气体回流，达到搅拌的目的；液体搅拌是从沼气池的出料间将发酵液抽出，然后从进料管冲入沼气池内，产生较强的液体回流，达到搅拌的目的。

农村户用沼气池通常采用强制回流的方法进行人工液体搅拌，即用人工回流搅拌装置或污泥泵将沼气池底部料液抽出，再泵入进料部位，促使池内料液强制循环流动，提高产气量。

实践证明，适当的搅拌方法和强度，可以使发酵原料分布均匀，增强微生物与原料的接触，使之获取营养物质的机会增加，活性增强，生长繁殖旺盛，从而提高产气量。搅拌又可以打碎结壳，提高原料的利用率及能量转换效率，并有利于气泡的释放。采用搅拌后，平均产气量可提高 30% 以上。

第四节　沼气发酵常用工艺

沼气发酵工艺是指从发酵原料到生产沼气的整个过程所采用的技术和方法。包括原料的收集和预处理，接种物的选择和富集，沼气发酵装置的发酵启动和日常操作管理及其他相应技术措施。

一、沼气发酵工艺类型

对沼气发酵工艺，从不同角度，有不同的分类方法。一般从投料方式、发酵温度、发酵阶段、发酵级差、发酵浓度、料液流动方式等角度，可做如下分类。

（一）按投料方式的不同划分

沼气发酵微生物的新陈代谢是一个连续过程，根据该过程中的投料方式的不同，可分为连续发酵、半连续发酵和批量发酵3种工艺。

1. 连续发酵工艺　沼气池发酵启动后，根据设计时预定的处理量，连续不断地或每天定量地加入新的发酵原料，同时排走相同数量的发酵料液，使发酵过程连续进行下去。发酵装置不发生意外情况或不检修时，均不进行大出料。采用这种发酵工艺，沼气池内料液的数量和质量基本保持稳定状态，因此产气量也很均衡。

这种发酵工艺的最大优点，可用两个字概括，就是“稳定”。它可以维持比较稳定的发酵条件，可以保持比较稳定的原料消化利用速度，可以维持比较持续稳定的发酵产气。

这种工艺流程是先进的，但发酵装置结构和发酵系统比较复杂，造价也较昂贵，因而适用于大型的沼气发酵工程系统。例如，大型畜牧场粪污、城市污水和工厂废水净化处理，多采用连续发酵工艺。该工艺要求有充分的物料保证，否则就不能充分有效地发挥发酵装置的负荷能力，也不可能使发酵微生物逐渐完善和长期保存下来。因为连续发酵，不致因大换料等原因而造成沼气池利用率上的浪费，从而使原料消化能力和产气能力大大提高。

2. 半连续发酵工艺　沼气发酵装置初始投料发酵启动一次性投入较多的原料(整个发酵周期投料占总固体量的1/4～1/2)，经过一段时间，开始正常发酵产气，随后产气逐渐下降，此时就需每天或定期加入新物料，以维持正常发酵产气，这种工艺就称为半连续沼气发酵。我国农村的沼气池大多属于此种类型。其中的“三结合”沼气池，就是将猪圈、厕所里的粪便随时流入沼气池，在粪便不足的情况下，可定期加入铡碎并堆沤后的作物秸秆等纤维素原料，起到补充碳源的作用。这种工艺的优点是比较容易做到均衡产气和计划用气。能与农业生产用肥紧密结合，适宜处理粪便和秸秆等混合原料。

3. 批量发酵工艺　发酵原料成批量地一次投入沼气池，待其发酵完后，将残留物全部取出，又成批地换上新料，开始第二个发酵周期，如此循环往复的工艺称为批量发酵工艺。农村小型沼气干发酵装置和处理城市垃圾的“卫生坑填法”均采用这种发酵工艺。这种工艺的优点是投料启动成功后，不再需要进行管理，简单省事，其缺点是产气分布不均衡，高峰期产气量高，其后产气量低，因此，所产沼气适用性较差。

（二）按发酵温度的高低划分

沼气发酵的温度范围一般在10～60℃，温度对沼气发酵的影响很大，温度升高沼气发酵的产气率也随之提高，通常以沼气发酵温度区分为：高温发酵、中温发酵和常温发酵工艺。

1. 高温发酵工艺　高温发酵工艺指发酵料液温度维持在50～60℃的范围，实际控制温度多在（53±2)℃，该工艺的特点是微生物生长活跃，有机物分解速度快，产气率高，滞留时间短。采用高温发酵可以有效地杀灭各种致病菌和寄生虫卵，具有较好的卫生效果，从除害灭病和发酵剩余物肥料利用的角度看，选用高温发酵是较为实用的。但要维持消化器的高温运行，能量消耗较大。一般情况下，在有余热可利用的条件下，可采用高温发酵工艺，如处理经高温工艺流程排放的酒精废醪、柠檬酸废水和轻工食品废水等。

2. 中温发酵工艺 中温发酵工艺指发酵料液温度维持在(35±2)℃的范围，与高温发酵相比，这种工艺消化速度稍慢一些，产气率要低一些，但维持中温发酵的能耗较少，沼气发酵能总体维持在一个较高的水平，产气速度比较快，料液基本不结壳，可保证常年稳定运行。为减少维持发酵装置的能量消耗，工程中常采用近中温发酵工艺，其发酵料液温度为25～30℃。这种工艺因料液温度稳定，产气量也比较均衡。总之，与经济发展水平相配套，工程上采取增温保温措施是必要的。

3. 常温发酵工艺 常温发酵工艺指在自然温度下进行的沼气发酵，发酵温度受气温影响而变化，我国农村户用沼气池基本上采用这种工艺。其特点是发酵料液的温度随气温、地温的变化而变化，一般料液温度最高时为25℃，低于10℃以后，产气效果很差。其好处是不需要对发酵料液温度进行控制，节省保温和加热投资，沼气池本身不消耗热量；其缺点是在同样投料条件下，一年四季产气率相差较大。南方农村沼气池建在地下，冬季产气效率虽然低。但在有足够原料的情况下，还可以维持一定的产气量。北方的沼气池则需建在太阳能暖圈或日光温室下，这样可确保沼气池安全越冬，维持正常产气。

（三）按发酵阶段的不同划分

根据沼气发酵分为“水解→产酸→产甲烷”3个阶段理论，根据沼气发酵不同阶段，可将发酵工艺划分为单相发酵工艺和两相（步）发酵工艺。

1. 单相发酵工艺 将沼气发酵原料投入到一个装置中，使沼气发酵的产酸和产甲烷阶段合二为一，在同一装置中自行调节完成。即“一锅煮”的形式。我国农村全混合沼气发酵装置，大多数采用这一工艺。

2. 两相发酵工艺 两相发酵也称两步发酵，或两步厌氧消化。该工艺是根据沼气发酵3个阶段的理论，把原料的水解、产酸阶段和产甲烷阶段分别安排在两个不同的消化器中进行。水解、产酸池通常采用不密封的全混合式或塞流式发酵装置，产甲烷池则采用高效厌氧消化装置，如污泥床、厌氧过滤等。

从沼气微生物的生长和代谢规律以及对环境条件的要求等方面看，产酸细菌和产甲烷细菌有着很大差别，因而为它们创造各自需要的最佳繁殖条件和生活环境，促使其优势生长，迅速的繁殖，将消化器分开来，是非常适宜的。这既有利于环境条件的控制和调整，也有利于人工驯化、培养优异的菌种，总体上便于进行优化设计。也就是说，两步发酵较之单相发酵工艺过程的产气量、效率、反应速度、稳定性和可控性等方面都要优越，而且生成的沼气中的甲烷含量也比较高。从经济效益看，这种工艺流程加快了挥发性固体的分解速度，缩短发酵周期，从而也就降低了生成甲烷的成本和运转费用。

（四）按发酵级差划分

1. 单级沼气发酵工艺 简单地说，就是产酸发酵和产甲烷发酵在同一个沼气发酵装置将发酵物再排入第二个沼气发酵装置中继续发酵。从充分提取生物质能量、杀虫灭卵和消除病菌的效果以及合理解决用气、用肥的矛盾等方面看，它是很不完善的，产气效率也比较低。但是这种工艺流程的装置结构比较简单，管理比较方便，因而修建和日常管理费用相对来说比较低廉，是目前我国农村最常见的沼气发酵类型。

2. 多级沼气发酵工艺 所谓多级发酵，就是由多个沼气发酵装置串联而成。一般第一级发酵装置主要是发酵产气，产气量可占总产气量的50%左右，而未被充分消化的物料进入第二级消化装置，使残余的有机物质继续彻底分解。这既有利于物料的充分利用和彻底处理废物中的BOD，也在一定程度上能够缓解用气和用肥的矛盾。如果能进一步深入研究双池结构的形式，降低其造价，提高两级发酵的运转效率和经济效果，对加速我国农村沼气建设的步伐是有现实意义的。从延长沼气池中发酵原料的滞留时间和滞留路程，提高产气率，促使有机物质的彻底分解角度出发，采用多级发酵足有效的。对于大型的两级发酵装置，第一级发酵装置安装有加热系统和搅拌装置，以利于提高产气量，而第二级发酵装置主要是彻底处理有机物中的BOD，不需要搅拌和加温。但若采用大量纤维素物料发酵，为防止表面结壳，第二级发酵装置中仍需设置搅拌。

把多个发酵装置串联起来进行多级发酵，可以保证原料在装置中的有效停留时间，但是总的容积与单级发酵装置相同时，多级装置占地面积较大，装置成本较高。另外，由于第一级池较单级池水力滞留期短，其新料所占比例较大，承受冲击负荷的能力较差。如果第一级发酵装置失效，有可能引起整个装置的发酵失效。

（五）按发酵浓度划分

1. 液体发酵工艺 发酵料液的干物质浓度控制在10%以下，在发酵启动时，加入大量的水。出料时，发酵液如用作肥料，无论是运输、贮存或施用都不方便。对于干旱地区，由于水源不足，进行液体发酵比较困难。

2. 干发酵工艺 干发酵又称固体发酵，即将发酵原料的总固体浓度控制在20%以上。干发酵用水量少，其方法与我国农村沤制堆肥基本相同。此方法可一举两得，既堆沤了肥料，又生产了沼气。干发酵工艺由于出料困难，不适合户用沼气池采用。

（六）按料液流动方式划分

1. 无搅拌且料液分层的发酵工艺　当沼气池未设置搅拌装置时，无论发酵原料为非匀质的（草粪混合物）或匀质的（粪），只要其固形物含量较高，在发酵过程中料液会出现分层现象（上层为浮渣层，中层为清液层，中下层为活性层，下层为沉渣层）。这种发酵工艺，因沼气微生物不能与浮渣层原料充分接触，上层原料难以发酵，下层沉淀又占有越来越多的有效容积。因此原料产气率和池容产气率均较低，并且必须采用大换料的方法来排除浮渣和沉淀。

2. 全混合式发酵工艺　由于采用了混合措施或装置，池内料液处于完全均匀或基本均匀状态，因此，微生物能和原料充分接触，整个投料容积都是有效的。它具有消化速度快、容积负荷率大和体积产气率高的优点。处理禽畜粪便和城市污泥的大型沼气池属于这种类型。

3. 塞流式发酵工艺　采用这种工艺的料液，在沼气池内无纵向混合，发酵后的料液借助于新鲜料液的推动作用而排走。这种工艺能较好地保证原料在沼气池内的滞留时间，在实际运行过程中，完全无纵向混合的理想塞流方式是没有的。许多大中型畜禽粪污沼气池采用这种发酵工艺。

沼气发酵工艺除有以上划分标准外，还有一些其他的划分标准。例如，把“塞流式”和“全混合式”结合起来的工艺，即“混合—塞流式”；以微生物在沼气池中的生长方式区分的工艺，例如，“悬浮生长系统”发酵工艺、“附着生长系统”发酵工艺。需要注意的是，上述发酵工艺是按照发酵过程中某一条件特点进行分类的。而实践中应用的发酵工艺所涉及的发酵条件较多，上述工艺类型一般不能完全概括。因此，在确定实际的发酵工艺属于什么类型时，应具体情况具体分析。例如，我国农村大多数户用沼气池的发酵工艺，从温度来看，是常温发酵工艺；从投料方式来看，是半连续投料工艺；从料液流动方式看，是料液分层状态工艺；从原料的生化变化过程看，是单相发酵工艺。因此，其发酵工艺属于常温、半连续投料、分层、单相发酵工艺。

二、沼气发酵工艺流程

（一）连续发酵工艺流程

处理大、中型集约化畜禽养殖场粪污和工业有机废水的大、中型沼气工程，一般都采用连续发酵工艺，其工艺流程如图 1-7 所示。

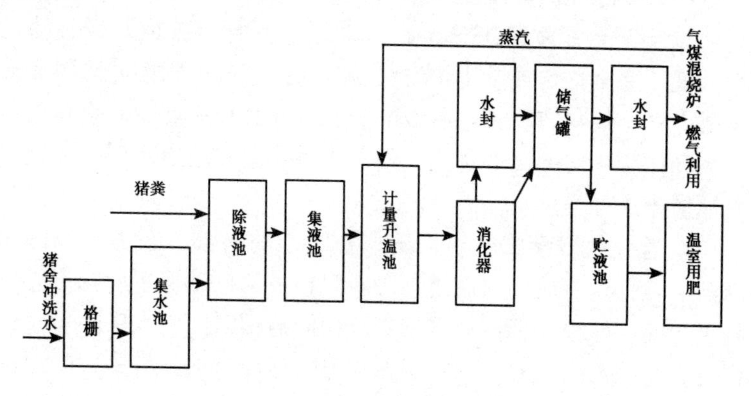

图 1-7 连续发酵工艺基本流程

这种工艺流程控制的基本参数为进料浓度、水力滞留期、发酵温度。启动阶段完成后，发酵效果主要靠调节这 3 个基本参数来进行控制。例如，原料产气率、有机物处除率等，都是由这 3 个参数所决定的。

在连续发酵工艺中，当每天处理的总固体相同时，料液浓度和水力滞留期不同，要求发酵装置的有效容积也不同，并且变化幅度较大。由于进料浓度和水力滞留期都可以在较大范围内变化，这就给人们选择最佳方案造成了极大的困难。目前，尚未找到一个大家接受的、能在实际设计上广泛应用的选择最佳参数的公式，许多沼气工程是依据定点条件试验或单因子试验结果，甚至是经验来进行设计的，它们离“最佳化”还有相当远的距离。

连续自然温度发酵工艺，一般不考虑最高池温，但要考虑最低池温。也就是说，在沼气池的温度变化到最低点时，在选定的进料浓度和水力滞留期条件下，发酵不至于全部失效。根据我国大多数地方地下沼气池全年的温度变化数据以及一些试验数据，可供选择的水力滞期大都在 40 ~ 60 天，进料总固体浓度为 6% 左右。由于发酵原料一般不随温度变化而增减，在夏季，选择这种参数的沼气池在某种程度上是处于“饥饿”状态，冬季则处于“胀肚子”状态。尽管如此，从当前情况看，采用这种连续自然温发酵工艺，在我国仍有广泛的发展前景。

在设计连续恒温发酵工艺时，对参数的选择必须十分谨慎。如果原料自身温度高，或者附近有余热可利用来加温和保温，则应尽量按高温或中温设计。如果不存在上述条件，则参数的选择必须十分谨慎。因为任何一个参数的变化不仅将引起投资成本的变化，而且还将引起沼气工程自身能耗的变化，给工程的效益带来较大的影响。

（二）半连续发酵工艺流程

我国农村户用沼气池一般都采用常温半连续发酵工艺生产沼气，其工艺流程如图 1 - 8 所示。这种发酵工艺采用的主要原料是粪便和秸秆，应控制的主要参数是启动浓度、接种物比例及发酵周期。启动浓度一般小于 6%，这对顺利启动有利。接种物一般占料液总量的 10% 以上，秸秆较多时应加大接种物数量。发酵周期根据气温情况和农业用肥情况而定。

采用这种工艺遇到的问题是，经常不断地补充新鲜原料容易被忽视，因为发酵一段时间之后，启动加入的原料已大部分分解，此时不补料，产气必然很快下降。为解决这一问题，在建池时应把猪圈、厕所与沼气池连通起来。以便粪尿能自动地流入池中。采用这种工艺，出料所需劳力比较多，应注意事先做好劳力安排，有条件的地方尽量采用出料机具。

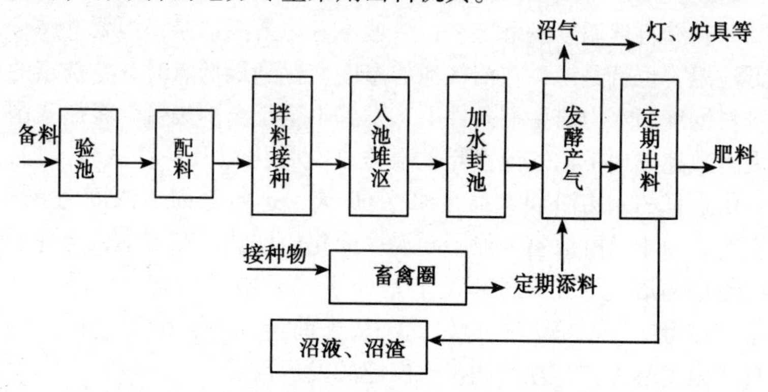

图 1-8　常温单级半连续发酵工艺基本流程

（三）批量发酵工艺流程

沼气发酵研究中试和用农作物秸秆等固体原料生产沼气，通常采用批量发酵工艺，基本工艺流程为：

原料及接种物的收集→原料预处理→原料、接种物混合入池→发酵产气→出料。

这种工艺应控制的主要参数为启动浓度、发酵周期及接种物的比例。原料的滞留期等于发酵周期，启动浓度按总固体计算一般应高于 20%。这是为了保证沼气池能处理较多的总固体，为提高池容产气率打下物质基础，同时也便于保温和发酵残渣的再利用。按总重量计算，接种物的重量应超过秸秆 1.5 倍以上。发酵周期多长，什么时候换料，这要根据原料来源、温度情况、用肥季节而定。一般来讲，夏秋季的发酵周期为 100 天左右。

采用这种工艺遇到的问题：一是启动比较困难。这是因为浓度较高，启动时容易出现产酸较多，发生有机酸积累，使发酵不能正常进行。为避免这种问题的出现，应准备质量较好、数量较多的接种物，调节好碳氮比，并对秸秆原料进行预处理。二是进出料不太方便。采用这种工艺，一般投入秸秆较多，但活动盖口较小的沼气池，进出料不太方便，因此，应根据发酵工艺特点，对发酵装置进行优化设计，采用盖口较大的沼气池或用半塑式沼气池，有条件的地方应尽量采用出料机具。

（四）两步发酵工艺流程

20 世纪 70 年代以来，受沼气发酵过程分段理论的启迪，美国的 Ghosh 和 Klass 等人首先开展了沼气两步发酵工艺（简称两步法）的研究，获得成功之后，美国、英国、比利时、荷兰、日本、中国、印度、泰国等国家的科技工作者积极研究和开发这项高效的新工艺，目前，世界上已建成多个两步发酵的中试和实用的生产规模装置，成功地用于处理牲畜粪便和某些工业废水。

两步发酵工艺流程如图 1 –9 所示。

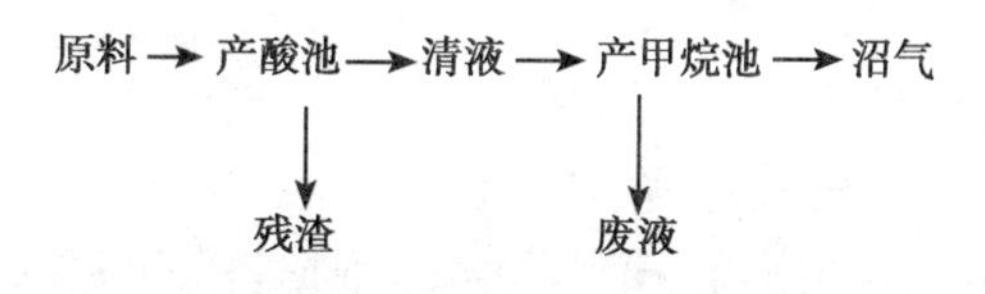

图 1 –9　两步发酵工艺流程

按发酵方式可将沼气两步发酵工艺划分成全两步发酵法和半两步发酵法。

全两步发酵法按原料的形态、特性可划分成浆液和固态两种类型。浆液型和固态型的原料可以先经预处理或者不预处理，然后进入产酸池。产酸池的特点在于：①控制固体物和有机物的高浓度和高负荷；②采用连续或间歇式进料（浆液原料）和批量投料（固态原料）；③浆液原料用完全混合式发酵，固态原料采用干发酵。产酸池形成的富含挥发酸的“酸液”进产甲烷池。

产甲烷池常采用厌氧上流式污泥床反应器（UASB）、厌氧过滤器（AF）、部分充填的上流式厌氧污泥床或者厌氧接触式反应器等高效反应器；间歇或连续进料；固体物负荷率比产酸池低，可溶性有机物负荷率高。

半两步发酵法是利用两步发酵工艺原理，将厌氧消化速度悬殊的原料综合处理，达到较高效率的简易工艺。它将秸秆类原料进行池外沤制，产生的酸液进沼气池产气，残渣继续加水浸沤。浆液原料（粪便等）则直接进沼气池发酵。这种工艺，原料的产气量基本不变，沼气池的产气率显著提高，且秸秆不进沼气池，减少了很多麻烦。

第五节　典型户用沼气池

一、旋流布料沼气池

（一）结构

旋流布料自动循环沼气池由进料口、进料管、发酵间、储气室、活动盖、水压酸化间、旋流布料墙、单向阀、抽渣管、活塞、导气管、出料通道等部分组成。根据料液循环的不同，分为旋流布料自动循环沼气池（图1－10）和旋流布料强制循环沼气池（图1－11）。

1. 进料口和进料管　进料口位于畜禽舍地面下，由设在地下的进料管与发酵间连通。进料口将厕所、畜禽舍收集的粪污，通过进料管注入沼气池发酵间。进料管内径一般为25～30厘米，采取直管斜插于池墙中部（图1－10）或直插于池顶部的方式与发酵间连通，目的是保持进料顺畅、便于搅拌、施工方便。

2. 发酵间和储气室　是沼气池的主体部分，其几何形状为圆筒形，发酵原料在这发酵，产生的沼气溢出水面进入上部的削球形储气间储存。因此，要求发酵间不漏水，储气间不漏气。

3. 水压间　主要是为了储存沼气、维持正常气压和便于大出料而必须设置的，其容积由沼气池产气量来决定，一般为沼气池24小时所产沼气的一半，水压间的下端通过出料通道（图1－10）与发酵间相连通，发酵完成的沼肥由此通道排向出料间。

4. 活动盖　设置于储气室顶部，起着封闭活动盖口的作用。活动盖口是沼气池施工时通风采光和维修时进出及排除残存有害气体的通道。

5. 导气管　固定在沼气池拱顶最高处或活动盖上的一根内径1.2厘米，长25～30厘米的镀锌钢管、铜、铝或ABS工程塑料、PVC硬塑管等，下端与储气室相通，上端连接输气管道，将沼气输送至农户厨房，用于炊事和照明。

6. 布料墙　圆弧形旋流布料墙将进、出料隔断，使入池原料必须沿圆周旋转一圈后，才能从出料通道排出。

7. 储肥间和盖板　在水压间旁边设置储肥间，通过溢流管与水压间连通，起限定最高气压和储存沼气发酵残余物的作用，以合理解决用气和用肥的矛盾。为了使用安全和环境美观，在进出料间上部、蓄水圈上部应设置盖板。

（二）功能和原理

该池型将菌种自动回流、自动破壳与清渣、微生物富集增殖、纤维性原料两步发酵、太阳能自动增温、消除发酵盲区和料液“短路”等新技术优化组装配套，利用沼气产气动力和动态连续发酵工艺，实现了自动循环、自动搅拌等高效运行状态，解决了静态不连续发酵沼气发酵装置存在的技术问题。

1. 菌种自动回流技术　利用沼气池产气动力将池内含有大量微生物的悬浮污泥压到水压间和酸化间，用气时流动性能好的含大量微生物的悬浮污泥经单向阀和进料管重新回流进发酵间，从而实现菌种自动回流和料液自动循环。

2. 消短除盲技术 在螺旋面池底上用圆弧形旋流布料墙将进、出料隔断，使入池原料必须沿圆周旋转一圈后，才能从出料通道排出，从而增加料液在池内的流程和滞留时间，解决标准水压式沼气池存在的微生物贫乏区、发酵盲区和料液“短路”等技术问题。

3. 微生物富集增殖技术 空隙率较高的旋流布料墙表面形成微生物附着、生长、繁殖的载体，通过沼气微生物的富集增殖，在其表面形成厌氧生物膜，从而固定和保留高活性的微生物，减少微生物的流失。

4. 自动破壳技术 圆弧形旋流布料墙顶部和各层面的破壳齿在沼气池产气用气时，使可能形成的结壳自动破除、浸润，充分发酵产气，从而实现自动破壳。

5. 强制回流与清渣出料技术 池底沉渣通过活塞在抽渣管中上下运动，从发酵间底部抽出，既可直接取走，作为肥料施入农田，又可通过进料管，进入发酵间，达到人工强制回流搅拌和清渣出料的目的，从而实现轻松管理和永续利用的目标。

6. 两步发酵技术 将秸秆等纤维性原料在敞口酸化池里完成水解和酸化两个阶段，酸化液通过单向阀和进料管自动进入发酵间发酵产气，剩余的以木质素为主体的残渣在酸化间内彻底分解后直接取出，从而解决纤维性原料入池发酵出料困难的技术难题。

7. 太阳能自动增温技术 通过设置在水压间和酸化间上的太阳能吸热和增温装置对发酵料液自动增温，并通过单向阀和进料管，将加热后的料液自动循环进入发酵间。从而提高发酵原料的温度，促进产气率的提高。

（三）工艺流程及特点

旋流布料自动循环沼气池工艺流程如图 1－12 所示。其工艺特点如下。

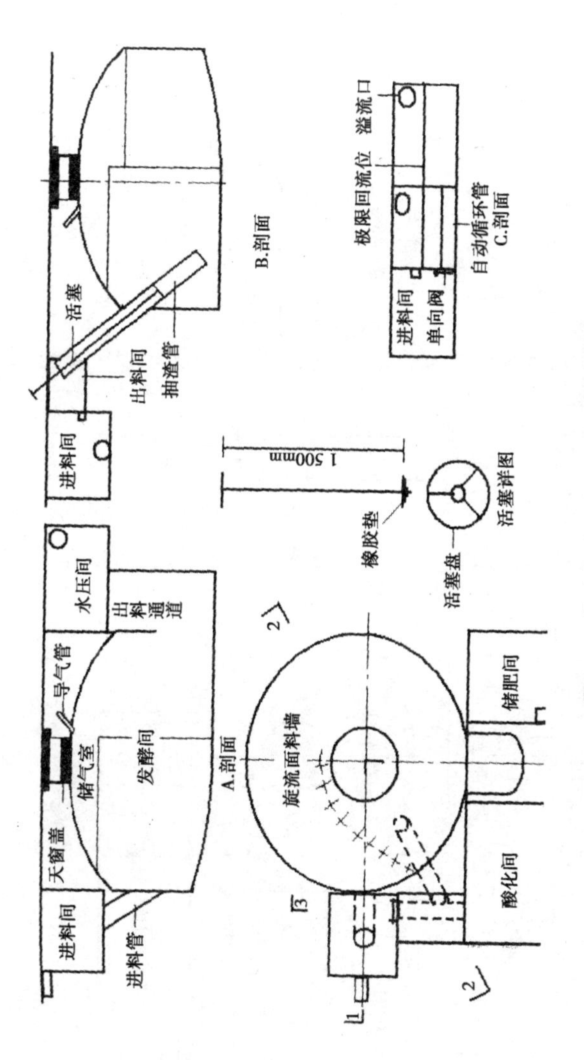

图1-10　旋流布料自动循环沼气池示意图

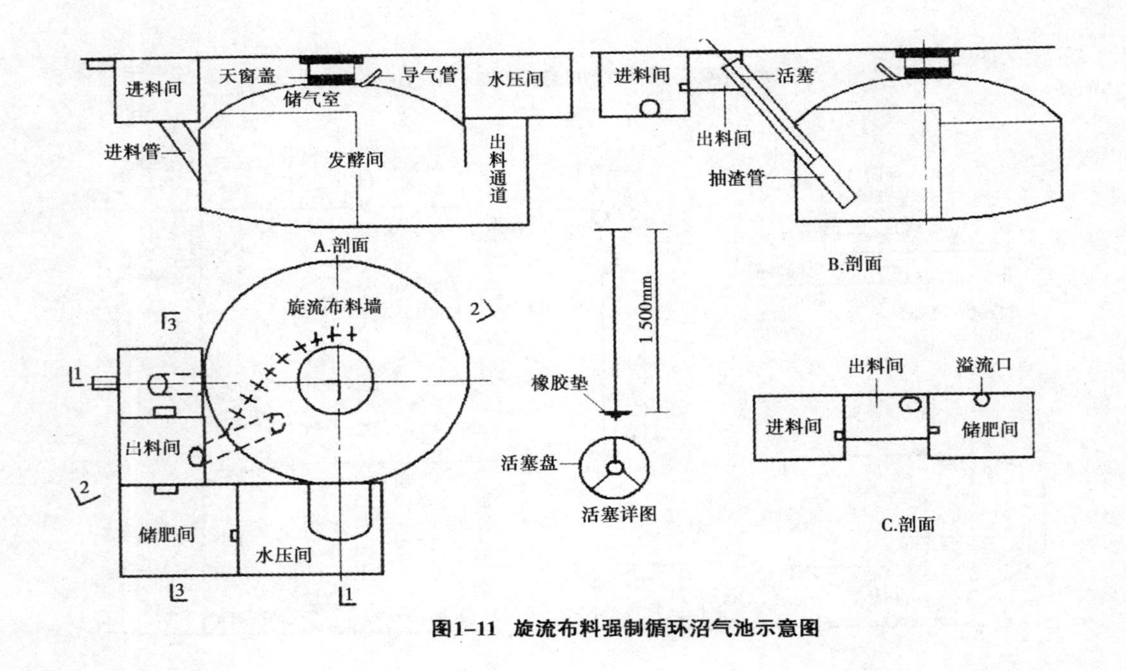

图1–11　旋流布料强制循环沼气池示意图

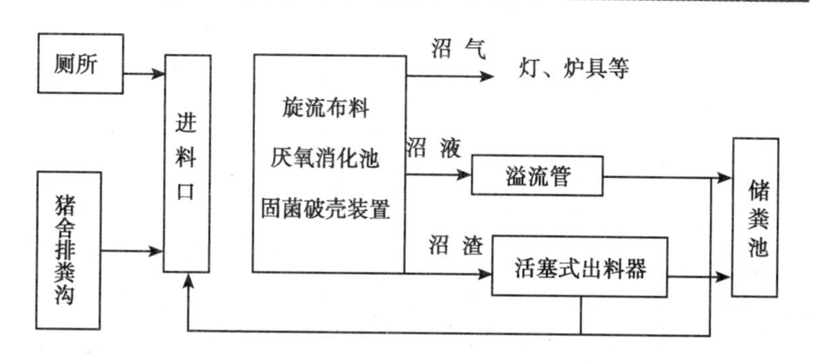

图1－12　旋流布料沼气池工艺流程

（1）通过螺旋形池底和圆弧形布料墙的合理布局及配合，消除料液短路、发酵盲区和微生物贫乏区，延长原料在发酵间中的滞留路程和滞留时间。

（2）通过圆弧形布料墙表面的微生物附着膜技术，固定和富集高活性厌氧微生物，避免微生物随出料流失的发生。

（3）应用厌氧消化的产气动力和料液自动循环技术，实现自动搅拌、循环、破壳等动态连续发酵过程，减轻人工管理的强度。

（4）通过出料搅拌器和料液回流系统，达到人工强制回流搅拌和清渣出料的目的，从而实现轻松管理和永续利用的目标。

二、曲流布料沼气池

（一）结构特点

曲流布料沼气池有A、B、C等系列池型。由原料预处理池、进料口、进料管、布料板、塞流板、多功能活动盖、破壳输气吊笼、出料口、出料管、水压间、强回流装置、导气管、溢流口等部分组成，如图1－15所示。

图1－13为曲流布料沼气池A型池，池底部最低点在出料

间底部，在5°倾斜扇形池底的形成一定的流动推力，利用流动推力形成扇形布料，实现主发酵池进出料自流，大换料时，不必打开活动盖，全部料液由出料间取出，管理简单方便，适合一般农户应用。条件好的专业户、烤酒户或有环保要求的用户，可选用B型、C型池（图1－14、图1－15）。B型池在发酵间内设置布料板，使原料进入池内时，由布料板进行布料，形成多路曲流，增加新料扩散面，充分发挥池容负载能力，提高池容产气率。扩大池墙出口，并在内部设塞流固菌板（图1－14）。池拱中央多功能活动盖下部设中心破壳输气吊笼，输送沼气入气箱，并利用内部气压、气流产生搅拌作用，缓解上部料液结壳（图1－15）。从水压间底部至原料预处理池上部，安装强制回流装置，可把水压间底部料液回流至预处理池，产生循环搅拌和菌种回流。

（二）工艺流程

选取（培育）菌种→备料、进料→池内堆沤（调整pH和浓度）→密封（启动运转）→日常管理（进出料、回流搅拌）。

（三）工艺特点

（1）采用连续发酵工艺，维持比较稳定的发酵条件，使沼气微生物区系稳定，保持逐步完善的原料消化速度，提高原料利用率和沼气池负荷能力，达到较高的产气率。

（2）原料通过带有滤料板的进料口进入沼气池，长纤维状原料及砖石颗粒被滤出，然后原料通过曲流布料器（为一块水泥挡板，因改变了料液流向，而称为曲流布料器）均匀分布于池内。

（3）池顶设置破壳装置，有利于池内产气，用气时液面波动破除结壳。

（4）池底为斜坡底，发酵后的沼渣通过坡底流向出料口。

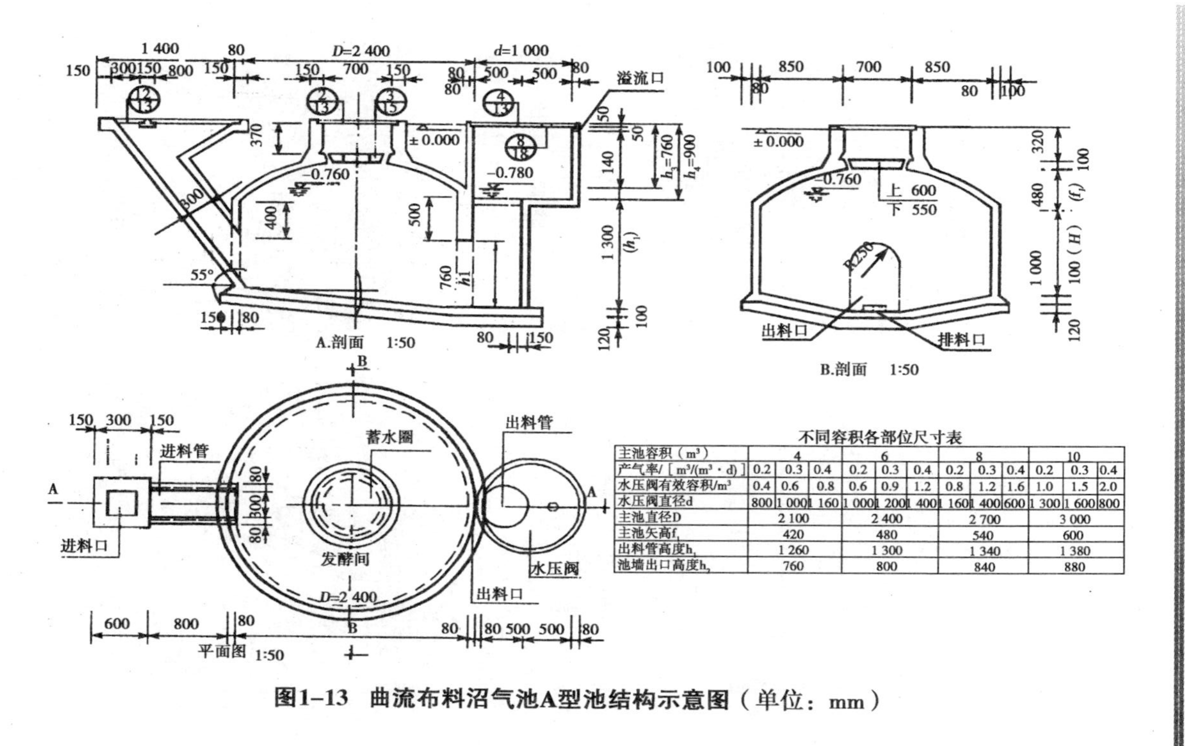

不同容积各部位尺寸表

主池容积（m³）	4			6			8			10		
产气率/［m³/(m³·d)］	0.2	0.3	0.4	0.2	0.3	0.4	0.2	0.3	0.4	0.2	0.3	0.4
水压阀有效容积/m³	0.4	0.6	0.8	0.6	0.9	1.2	0.8	1.2	1.6	1.0	1.5	2.0
水压阀直径d	800	1 000	1 160	1 000	1 200	1 400	1 160	1 400	600	1 300	1 600	800
主池直径D	2 100			2 400			2 700			3 000		
主池矢高f_1	420			480			540			600		
出料管高度h_1	1 260			1 300			1 340			1 380		
池墙出口高度h_2	760			800			840			880		

图1–13　曲流布料沼气池A型池结构示意图（单位：mm）

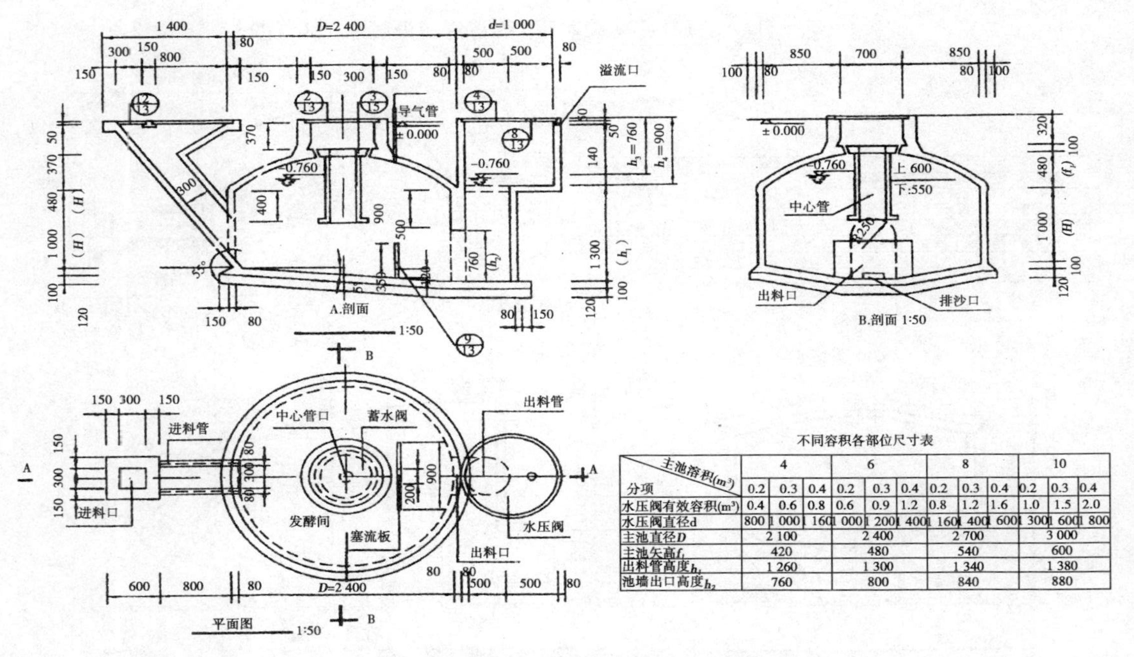

不同容积各部位尺寸表

分项 \ 主池溶积(m^3)	4			6			8			10		
	0.2	0.3	0.4	0.2	0.3	0.4	0.2	0.3	0.4	0.2	0.3	0.4
水压阀有效容积(m^3)	0.4	0.6	0.8	0.6	0.9	1.2	0.8	1.2	1.6	1.0	1.5	2.0
水压阀直径d	800	1 000	1 160	1 000	1 200	1 400	1 160	1 400	1 600	1 300	1 600	1 800
主池直径D	2 100			2 400			2 700			3 000		
主池矢高f_1	420			480			540			600		
出料管高度h_1	1 260			1 300			1 340			1 380		
池墙出口高度h_2	760			800			840			880		

图1-14 曲流布料沼气池B型池结构示意图（单位：mm）

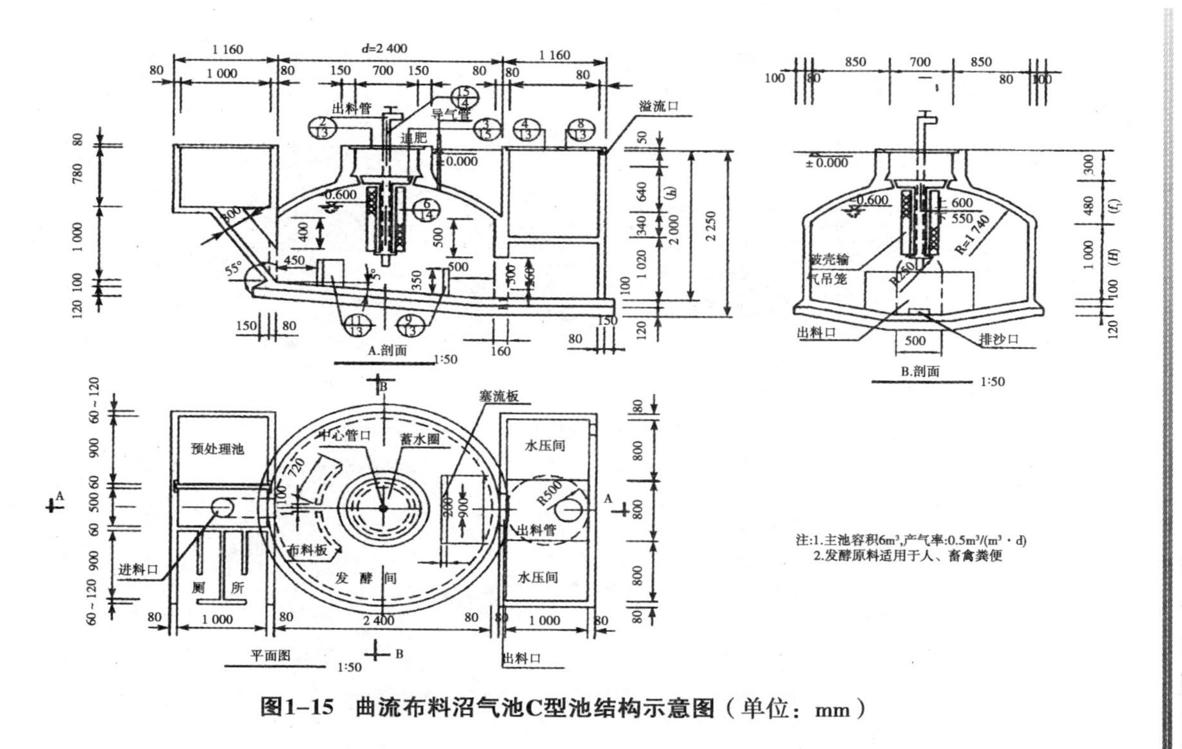

图1-15 曲流布料沼气池C型池结构示意图（单位：mm）

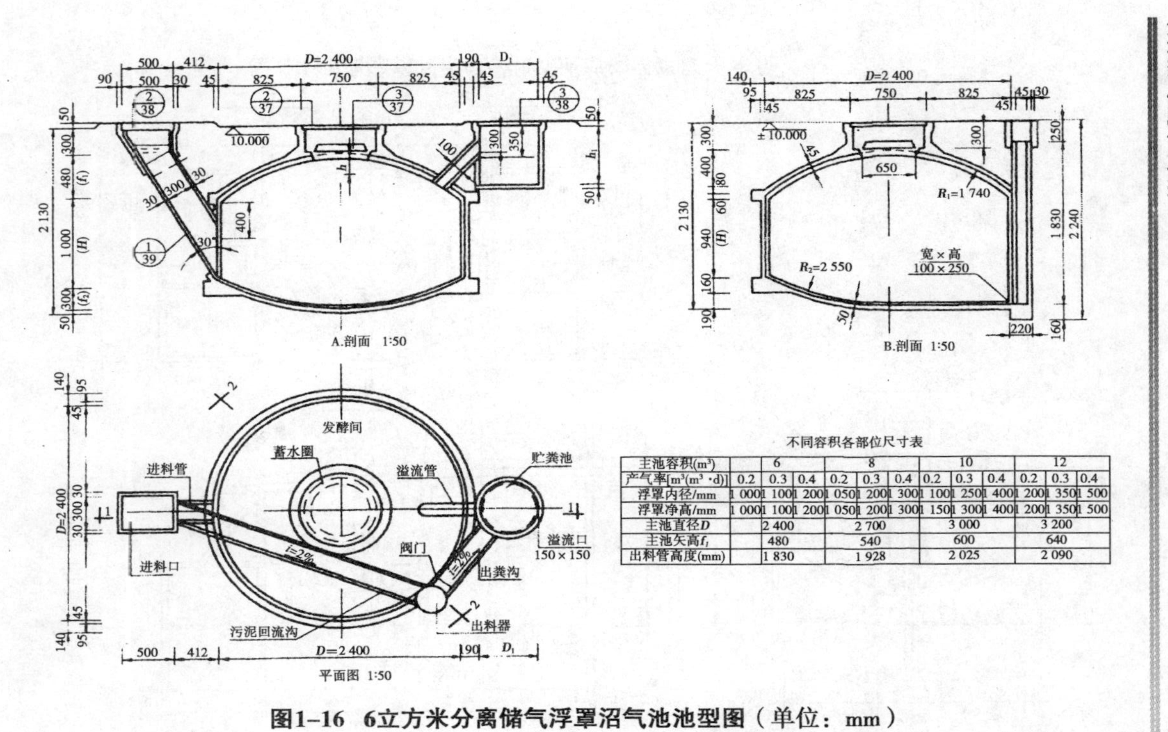

不同容积各部位尺寸表

主池容积(m³)	6			8			10			12		
产气率[m³(m³·d)]	0.2	0.3	0.4	0.2	0.3	0.4	0.2	0.3	0.4	0.2	0.3	0.4
浮罩内径/mm	1 000	1 100	1 200	1 050	1 200	1 300	1 100	1 250	1 400	1 200	1 350	1 500
浮罩净高/mm	1 000	1 100	1 200	1 050	1 200	1 300	1 150	1 300	1 400	1 200	1 350	1 500
主池直径D	2 400			2 700			3 000			3 200		
主池矢高f_1	480			540			600			640		
出料管高度(mm)	1 830			1 928			2 025			2 090		

图1-16 6立方米分离储气浮罩沼气池池型图（单位：mm）

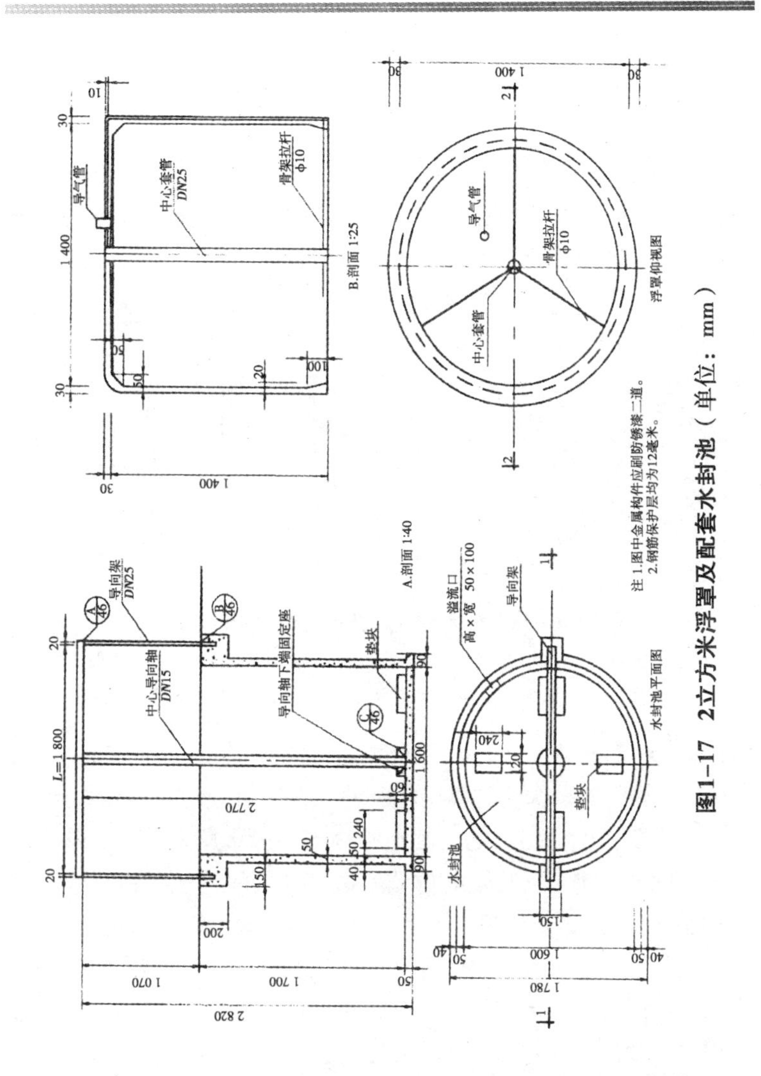

图1-17　2立方米浮罩及配套水封池（单位：mm）

（5）出料口加一塞流固菌板（一水泥挡板，起阻塞作用），阻止了原料“短路”排出，同时又起到固定及截留菌种的作用。

三、分离储气浮罩沼气池

（一）构造

分离储气浮罩沼气池由进料口、进料管、厌氧池、溢流管、出料搅拌器、污泥回流沟、排渣沟、储粪池、浮罩、水封池等部分组成，如图 1－18 所示。

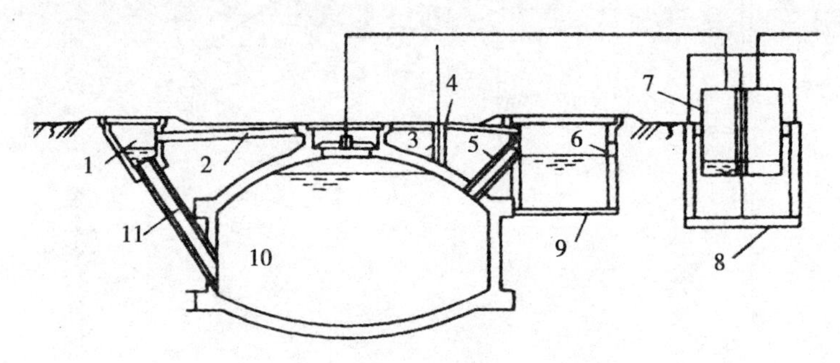

图 1－18　分离储气浮罩沼气池结构示意图

1. 进料口　2. 污泥回流沟　3. 出料搅拌器　4. 排渣沟　5. 溢流管
6. 溢流口　7. 浮罩　8. 水封池　9. 储粪池　10. 厌氧池　11. 进料管

1. 厌氧发酵池　厌氧发酵池是分离储气浮罩沼气池的主件（图 1－18），它分为两种类型：一种是在厌氧池中放入生物填料，另一种是不放生物填料的。其他结构与一般水压式沼气池基本相同，不同的是进出料装置的位置有改变。厌氧池底呈锅铲形（竖向剖面），坡向出料装置。为了支撑生物填料，沿池壁设 2～4 层支墩，每层均布 4 个，层间距离应高出所夹生物填料厚度50～150 毫米，底层支墩距池底应大于 300 毫米。支墩与池身浇筑在一起。可用红砖预埋。生物填料可用竹枝（去叶或称竹尾）、竹球等。填料要求空隙率大（90% 以上），不易堵塞，具有一定硬度。填料应上部密，下部稀，共设 2～3 层，每层厚 150～300 毫米。

2. 进出料系统　进料管采用直管斜插方式，从底部进料，管径250～300毫米。溢流管安装在厌氧池的顶部，采用直管斜插，插入发酵液内的深度必须大于池内最大气压时液面的下降值，其管径为80～150毫米。发酵液一般由溢流管自流排出，只是在厌氧池底部沉渣过多时，使用出料装置出料。出料装置采用提搅式出料器或底部闸阀，具有结构简单、出料容易，并兼有轻微搅拌的作用。出料装置安装在紧靠池壁的池底最低处，排出的料液大部分排入储粪池，少部分用作污泥回流，排入进料管。出料装置直径一般为100～150毫米。提搅器由一根插入池底，上面露出地面的混凝土套筒、活塞、出料活门组成，扬程可达2米以上，每分钟可出沉渣60千克左右。一个8立方米的沼气池，只需2～3小时就可以把沉渣和沼液抽出来，出净率在80%以上。

3. 储气装置　储气浮罩用输气管与发酵池和燃气具连接，主要作用是储存沼气、稳定气压、增加发酵池有效容积。水封池为储气浮罩的水封装置。浮罩为分离式，可采用水泥砂浆、GRC材料、红泥塑料等价格便宜、密封性能好、经久耐用的材料制作。厌氧池的沼液也可通过溢流管排入浮罩水封池（图1－17），作二级厌氧发酵。水封池的沼渣、沼液流入储粪池。储粪池的大小根据用户要求确定。

4. 污泥回流和储粪池　污泥回流沟设置在发酵池顶部，与进料口和出料搅拌器连接。作用是把从池内底部抽出的含菌种较多的污泥，回流到进料口进入池内进行搅拌，使菌种和新鲜原料混合均匀。排渣沟设在发酵池顶部，与出料搅拌器和储粪池连接。发酵池排渣时，把渣液导向储粪池。储粪池与溢流管及排渣沟连接，主要用于储存每天从溢流管排出的料液和从发酵池底部抽出的渣液。储粪池的容积一般在1立方米左右，其结构形式可根据场地大小自己确定，圆形、方形均可。

（二）工艺流程

分离储气浮罩沼气池发酵工艺是根据沼气发酵的原理，使沼气池内尽量保留较多的活性高的微生物，并使之分布均匀与发酵原料充分接触，以提高其消化能力。发酵原料为畜禽粪便，从上流式厌氧池底部进料，经发酵产气后，沼液从上部通过溢流管溢流入储粪池。沼渣通过设置在其底部的提搅器或闸阀排入储粪池，部分回流入进料管，起到搅拌和污泥菌种回流的作用，加快发酵原料的分解，所产沼气贮存在浮罩内，供用户使用。其发酵工艺流程如图 1－19 所示。

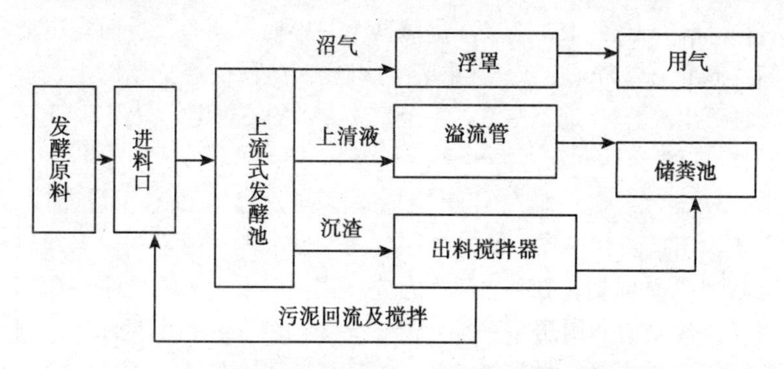

图 1－19　分离储气浮罩沼气池发酵工艺流程

（三）工艺特点

（1）采用厌氧接触发酵工艺，发酵工艺先进，产气率高，池容产气率平均可达 0.15～0.3 立方米/（立方米·天），可保证用户全年稳定供气。

（2）采用溢流管溢流上清液，出料搅拌器抽排沉渣，出料方便，不需每年大出料，运行和产气效果好。

（3）采用菌种回流技术，保证了发酵池内较高的菌种含量。

（4）采用浮罩储气，储气量大，发酵池有效容积高达总容积的 95%～98%；气压稳定，能满足电子打火沼气灶、沼气热水器等用气的压力要求；池内压力小，发酵池使用寿命长。

第二章　砖混组合沼气池施工

第一节　施工准备

砖混组合沼气池施工准备包括选址、选型、定容、放线、挖坑、校正等工序。

一、户用沼气池选址

（一）选址方法

1. “三结合”建池　兴建农村户用沼气池应与农户庭院设施建设统一规划，在建造沼气池的同时，同步建设或改建畜禽舍、卫生厕所和厨房。在沼气池与猪圈、厕所“三结合”（图2－1）的前提下，做到住房、猪栏、厕所、沼气池等科学规划，合理布局。先建沼气池，后建猪圈和厕所，使人畜粪便随时流入沼气池，以达到连续进料和冬季保温的目的，有利于消灭蚊蝇，改善农村的环境卫生，减少疾病的发生。

2. 背风向阳　农村“三结合”庭院沼气设施与厨房的距离一般在25米以内为宜，建池地点尽量选择在背风向阳、土质坚实、地下水位低、出料方便和周围没有遮阳建筑物的地方。

3. 远离大树和公路　建池池址要尽量避开竹林、树林和公路。开挖池坑时，遇到竹根和树根要切断，在切口处涂上废柴油或石灰，使其停止生长以至腐烂，以防树根、竹根破坏池体。

（二）注意事项

在规划庭院沼气系统时，沼气池应建在畜禽舍下面，水压间可放在畜禽舍外，也可放在畜禽舍内，但出料间和贮肥间必须放

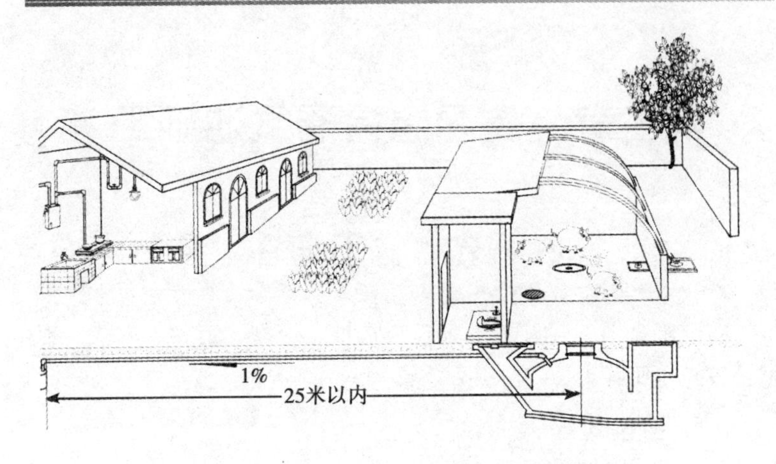

图2－1　“三结合”庭院沼气系统示意图

在畜禽舍外，以便日常管理。地上部分的畜禽舍和厕所应坐北向南，方位应和住房及院墙的走向一致，以保证整体协调。

二、户用沼气池选型、定容和备料

（一）选型、定容和备料方法

1. 选择池型　适宜于农户采用的沼气池为《户用沼气池标准图集》（GB/T4750—2002）中的池型（图1－13、图1－14、图1－15）和“旋流布料自动循环沼气池”和“旋流布料强制循环沼气池”（图1－10、图1－11）等池型。根据各种池型的技术要求，结合用户所能提供的发酵原料种类、数量、人口数、用气量，以及地质、水文情况、气候、建池材料、施工技术水平，因地制宜地选择池型。

2. 确定建池容积　根据信阳市的气候条件、生活习惯和原料状况，农村户用沼气池建池容积一般为8～10立方米。

3. 准备材料　户用沼气池建池容积大多为8～10立方米，施工前，应对用料量心中有数，以免备料过多或过少，造成浪费或停工待料。用砖混组合建池法修建一口 8 立方米的户用沼气池，实际用料量为：42.5 号普通硅酸盐水泥 800 千克左右，中砂 2.0 立方米左右，5～20 毫米卵石 1.5 立方米左右，机砖 1 300 块，Φ 200 陶瓷管或水泥管 1 米，Φ110 厚壁 PVC 管 2.5 米，直径 6 毫米钢筋 5 千克左右。如遇到池坑浸水量大或土质松软，建材用量应增加 10%～20%（表 2－1）。

表 2－1　砖混组合旋流布料沼气池材料参考用量见表

容积（立方米）	混凝土			池体抹灰	
	水泥（千克）	中砂（立方米）	碎石（立方米）	水泥（千克）	中砂（立方米）
6	455	0.809	1.250	142	0.324
8	561	0.997	1.540	163	0.374
10	623	1.107	1.710	208	0.475

容积（立方米）	密封施工		合计材料用量			
	密封剂（千克）	水泥（千克）	水泥（千克）	中砂（立方米）	碎石（立方米）	砖（块）
6	1.0	32	629	1.133	1.250	1 100
8	1.5	47	771	1.371	1.540	1 300
10	2.0	60	891	1.582	1.710	1 500

根据池型结构，确定施工工艺，准备建池所需的材料、模具和工具等。所选用的建池材料质量应符合以下要求。

（1）水泥。优先选用普通硅酸盐水泥，也可以用矿渣硅酸盐水泥、火山灰质硅酸盐水泥或粉煤灰硅酸盐水泥。水泥的性能指标必须符合国标《硅酸盐水泥和普通硅酸盐水泥》（GB175—1999）和《矿渣硅酸盐水泥、火山灰质硅酸盐水泥及粉煤灰硅酸盐水泥》（GB1344—1999）规定，其强度标号为 32.5 号或 42.5 号。水泥进场应有出厂合格证，并应对其品种、标号出厂日期等检查验收。当对水泥质量有怀疑或水泥出厂超过 3 个月，应复查试验，并按试验结果使用。

（2）碎石。其最大颗粒粒径不得超过结构截面最小尺寸的

1/4，且不得超过钢筋间最小距离的3/4。对混凝土实心板，碎石的最大粒径不宜超过板厚的1/2，且不得超过20～40毫米。碎石质量应符合《普通混凝土用碎石或卵石质量标准及检验方法》(JGJ53—1992）的规定，其含泥量应低于3%。

(3）中砂。沼气池混凝土宜采用中砂，砌砖和抹面砂浆宜采用细砂，其质量应符合《普通混凝土用砂质量标准及检验方法》(JGJ52—1992）的规定，含泥量应低于2%。

(4）砖。修建沼气池要求用强度为MU7.5或MU10的砖，应避免使用欠火砖、酥砖及螺纹砖，以免影响建池质量。

(二）注意事项

(1）修建沼气池的碎石要干净，含泥量不大于3%，不含柴草等有机物和塑料等杂物。

(2）中砂要求质地坚硬、洁净，泥土含量不超过2%，云母允许含量在0.5%以下，不含柴草等有机物和塑料等杂物。

(3）不能用酸性或碱性水拌制混凝土、砂浆以及养护。

三、户用沼气池放线

在沼气池放线时，要结合用户庭院的整体布局和地面设施情况，确定好沼气池的中心和±0.000标高基准位置。

1. 平整场地　在规划和选定的庭院沼气设施建设区域内，清理杂物，平整好场地。

2. 确定中心　根据设计图纸在地面上确定沼气池中心位置，画进料间平面、发酵池平面、水压间平面三者的外框灰线。

3. 在尺寸线外0.8米左右处打下4根定位木桩，分别钉上钉子以便牵线，两线的交点便是圆筒形发酵池的中心点

4. 定位桩须钉牢不动，并采取保护措施　在灰线外适当位置应牢固地打入标高基准桩，在其上确定基准点。

四、户用沼气池池坑开挖

（一）池坑开挖和土方校正方法

1. 池坑开挖　根据池址的地质、水文情况，决定直壁开挖，还是放坡开挖池坑。可以进行直壁开挖的池坑，应尽量利用土壁作胎模。圆筒形沼气池上圈梁以上部位，可按放坡开挖池坑，上圈梁以下部位应按模具成型的要求，进行直壁开挖（图 2－2）。

主池的放样、取土尺寸，按下列公式计算：

主池取土直径 = 池身净空直径 + 池墙厚度 ×2

主池取土深度 = 蓄水圈高 + 拱顶厚度 + 拱顶矢高 + 池墙高度 + 池底矢高 + 池底厚度

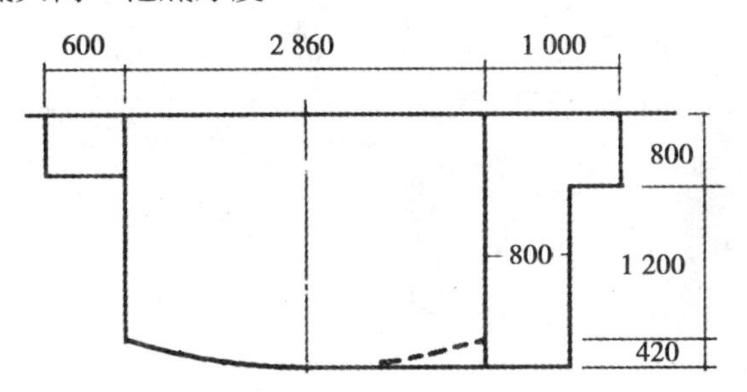

图 2－2　8 立方米沼气池池坑开挖剖面图

（单位：mm）

不同容积的旋流布料沼气池结构尺寸见表 2－2。

2. 池坑校正　开挖圆筒形池，取土直径一定要等于放样尺寸，宁小勿大。在开挖池坑的过程中，要用放样尺寸校正池坑，边开挖，边校正。池坑挖好后，在池底中心直立中心杆和活动轮杆（图 2－3），校正池体各部弧度，以保证池坑的垂直度、水平度、圆心度和光滑度。同时，按照设计施工图，确定上、下圈梁位置和尺寸，挖出上、下圈梁。

表 2－2　旋流布料沼气池结构尺寸　　单位 mm

主池容积（立方米）	6	8	10	12	15	20
主池直径 D	2 400	2 700	3 000	3 200	3 400	3 600
池墙高度 H	1 000	1 000	1 000	1 000	1 040	1 400
池盖矢高 f_1	480	540	600	640	680	720
池底矢高 f_2	340	390	430	460	490	510
池盖半径 R_1	1 740	1 960	2 180	2 320	2 460	2 600
池底半径 R_1	2 290	2 530	2 830	3 010	3 190	3 430
旋流墙半径 r	1 440	1 620	1 800	1 920	2 040	2 160
酸化间长度 L_1	900	1 000	1 100	1 200	1 300	1 500
酸化间宽度 B	800	880	920	960	1 000	1 100
储肥间长度 L_2	600	800	1 000	1 200	1 500	2 000

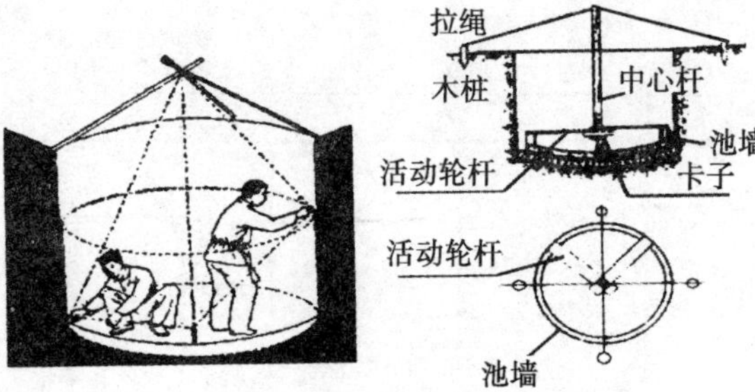

图 2－3　活动轮杆法校正沼气池坑

（二）注意事项

开挖池坑时，严禁挖成上凸下凹的“洼岩洞”，挖出的土应堆放在离池坑远一点的地方，禁止在池坑附近堆放重物。对土质不好的松软土、砂土，应采取加固措施，以防塌方。如遇地下水，则需采取排水措施，并尽量快挖快建。

第二节　池体施工

砖混组合建池法是砖和混凝土两种材料结合的建池工艺，池底用混凝土浇注，池墙用60毫米立砖组砌，池盖用60毫米单砖漂拱，土壁和砖砌体之间用细石混凝土浇注，振捣密实，使砖砌体和细石混凝土形成坚固的结构体。

一、拌制砂浆和混凝土

（一）操作方法

1. 拌制砂浆　拌制砂浆是砖混组合沼气池施工的基本技能，分砌筑砂浆和抹面砂浆等多种砂浆的拌制。户用沼气池施工，一般采用人工拌制。人工拌制砂浆的要点是“三干三湿”。即水泥和砂按砂浆标号配制后，干拌3次，再加水湿拌3次。

2. 拌制混凝土　农村建造沼气池，混凝土一般采用人工拌制。首先，在沼气池基坑旁找一块面积2平方米左右的平地，平铺上不渗水的拌制板（一般多用钢板，也可用油毛毡）。然后，先将称量好的砂倒在拌制板上，将水泥倒在砂上，用铁锨反复干拌至少3遍，直到颜色均匀为止；再将碎石倒入，干拌一遍；而后渐渐加入定量的水湿拌3遍，拌到全部颜色一致、碎石与水泥砂浆没有分离与不均匀的现象为止。

（二）注意事项

（1）砂浆拌制好以后，应及时送到作业地点，做到随拌随用。一般应在2小时之内用完，气温低于10℃时可延长至3小时。当气温达到冬季施工条件时，应按冬季施工的有关规定执行。

（2）严禁直接在泥土地上拌制混凝土，混凝土从拌制好至浇筑完毕的延续时间，不宜超过2小时。

（3）人工配制混凝土时，要尽量多搅拌几次，使水泥、砂、石混合均匀。同时，要控制好混凝土的配合比和水灰比，避免蜂窝、麻面出现，达到设计的强度。

二、池体施工

（一）施工方法

沼气池的土方与基础工程完成后，按照图2－4所示砖混组合沼气池结构剖面图和砖混组合建池工艺，进行如下操作。

1. 池底施工 户用沼气池池底应根据不同的池坑土质，进行不同的处理。对于黏土和黄土，原土夯实后，用C15混凝土直接浇灌池底60～80毫米即可。如遇砂土或松软土质，应先做垫层处理。首先将池坑土质铲平、夯实，然后铺一层直径80～100毫米的大卵石，再用砂浆浇缝、抹平，厚100～120毫米。垫层处理完后，即可在其上用C15混凝土浇灌池底混凝土层60～80毫米，然后原浆抹光。

遇到池底浸水时，应在池底作十字形盲沟，在中心点或池外排水井设集水坑。在盲沟内填碎石，使池底浸水集中排出。然后在池底铺一块塑料薄膜，在集水坑部位剪一个孔供排水。如果薄膜有接缝，则在接缝处各留约300毫米宽并黏合好，防止浸水从接缝处冒出，拱坏池底混凝土。铺膜后，立即在薄膜上浇筑池底混凝土，在集水坑内安装1个无底玻璃瓶，用以排水。待全池粉刷完毕后，用水泥砂浆封住集水坑内的无底玻璃瓶。

2. 池墙施工 池底混凝土初凝后，确定主池中心；以该中心为圆心，以沼气池的净空半径为半径，划出池墙净空内圆灰线，距土壁100毫米；沿池墙内圆灰线，用1∶3的水泥砂浆，60毫米单砖砌筑池墙；每砌一层砖，浇灌一层C15细石混凝土，砌4层，正好是1米池墙高度；在池墙上端，用混凝土浇筑三角形上圈梁，上圈梁浇灌后要压实，抹光。

土壁和砖砌体之间约40毫米的缝隙应分层用细石混凝土浇注，每层混凝土高度以250毫米。浇捣要连续、均匀、对称，振捣密实。手工浇注时，必须用钢钎有秩序地反复捣插，直到泛浆为止，保证混凝土密实，不发生蜂窝麻面。

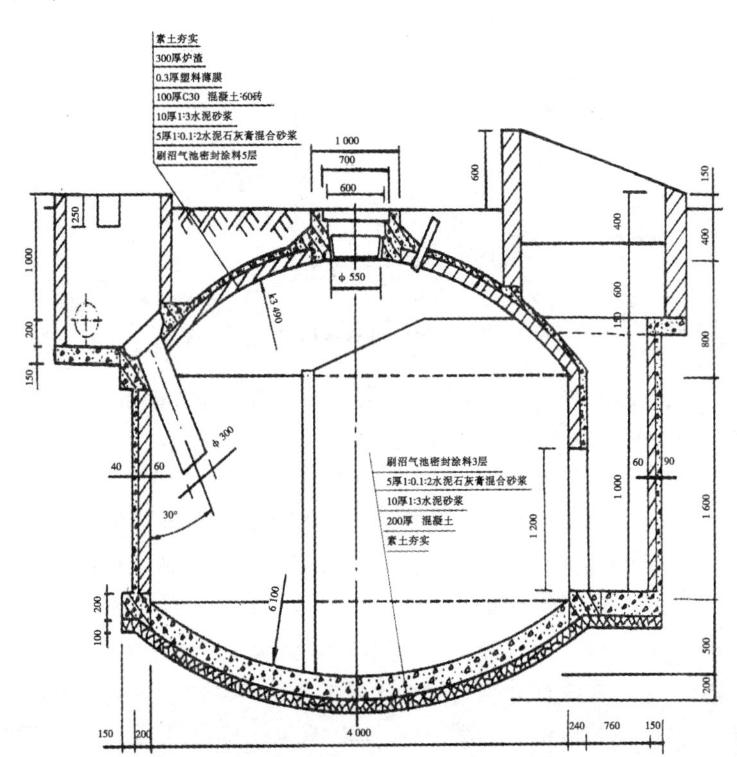

图2－4　砖混组合沼气池结构剖面图（单位：mm）

3. 池拱施工　用砖混组合法修建户用沼气池，一般采用“单砖漂拱法”砌筑池拱。砌筑时，应选用规则的优质砖。砖要预先淋湿，但不能湿透。漂拱用的水泥砂浆要用黏性好的1：2细砂浆。砌砖时砂浆应饱满，并用钢管靠扶或吊重物挂扶（图2－5）等方法固定。每砌完一圈，用片石嵌紧。收口部分改用半砖或6分砖头砌筑，以保证圆度。为了保证池盖的几何尺寸，在砌筑时应用曲率半径绳校正。

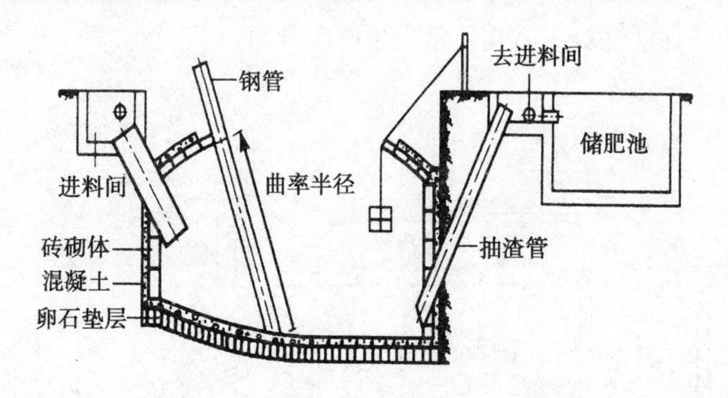

图 2－5　户用沼气池单砖漂拱建池法

池盖漂完后，用 1∶3 的水泥砂浆抹填补砖缝，然后用粒径 5～10 毫米的 C20 细石混凝土现浇 30～50 毫米厚，经过充分拍打、提浆、抹平后，再用 1∶3 的水泥砂浆粉平收光，使砖砌体和细石混凝土形成整体结构体，以保证整体强度。

4. 活动盖和活动盖口施工　活动盖和活动盖口用下口直径 400 毫米、上口直径 480 毫米、厚度 120 毫米的铁盆作内模和外模配对浇筑成型。浇筑时，先用 C20 混凝土将铁盆周围填充密实，然后，在铁盆外表面用细砂浆铺面，转动成型。活动盖直接在铁盆内浇筑成型，厚度 100～120 毫米。按照混凝土的强度要求进行养护，脱模后，直接用沼气池密封涂料涂刷 3～5 遍即可。无需用水泥砂浆粉刷，以免破坏配合形状。

5. 旋流布料墙施工　旋流布料墙是旋流布料沼气池的重要装置，具有引导发酵原料旋转流动，消除短路和发酵盲区，实现自动循环、自动破壳和微生物成膜的重要功能。在沼气池做完密封层施工后，沿旋流布料墙的曲线，用 60 毫米砖墙砌筑而成。

为保证旋流布料墙的稳定性，底部 500 毫米处用 120 毫米砖墙砌筑，顶部用 60 毫米砖墙十字交差砌筑（图 2－6），高度砌到距池盖最高点 400 毫米，以增强各个水平面的破壳和流动搅拌作用。

旋流布料墙半径约为6/5池体净空半径，要严格按设计图尺寸施工，充分利用池底螺旋曲面的作用，使入池原料既能增加流程，又不致阻塞。

6. 料液自动循环装置施工　单向阀是保证发酵料液自动循环的关键装置，一般可选用外径110毫米商品化单向阀直接与循环管安装而成。也可以用1～2毫米厚的橡胶板制作。

通过预埋在进料间墙上的直径8～10毫米螺栓固定（图2－6)。单向阀盖板为双层结构，里层切入预留在进料化间墙上的圆孔内，尺寸与圆孔一致，外层盖在圆孔外，两层之间用胶黏合。

水压间和酸化间隔墙上的极限回流高度距零压面500毫米。

7. 预制盖板　为了安全和环境卫生，户用沼气池一般都在进料间、活动盖口、出料间设置盖板。盖板一般用C20混凝土预制，内配标准强度为2.35×10^8帕的低碳建筑钢筋。

预制圆形或方形盖板可采用钢模及砖模，板底均应铺一层塑料薄膜。

（1）几何尺寸。盖板的几何尺寸要符合设计要求。一般圆形、半圆形盖板的支承长度应不小于50毫米；盖板混凝土的最小厚度应不小于60毫米。

（2）钢筋制作。盖板钢筋的制作应符合以下技术要求：

①钢筋表面洁净，使用前必须除干净油渍、铁锈。

②钢筋平直、无局部弯折，弯曲的钢筋要调直。

③钢筋的末端应设弯钩。弯钩应按净空直径不小于钢筋直径2.5倍，并作180°的圆弧弯曲。

④加工受力钢筋长度的允许偏差是±10毫米。

⑤板内钢筋网的全部钢筋相交点，用铁丝扎结。

⑥盖板中钢筋的混凝土保护层不小于10毫米。

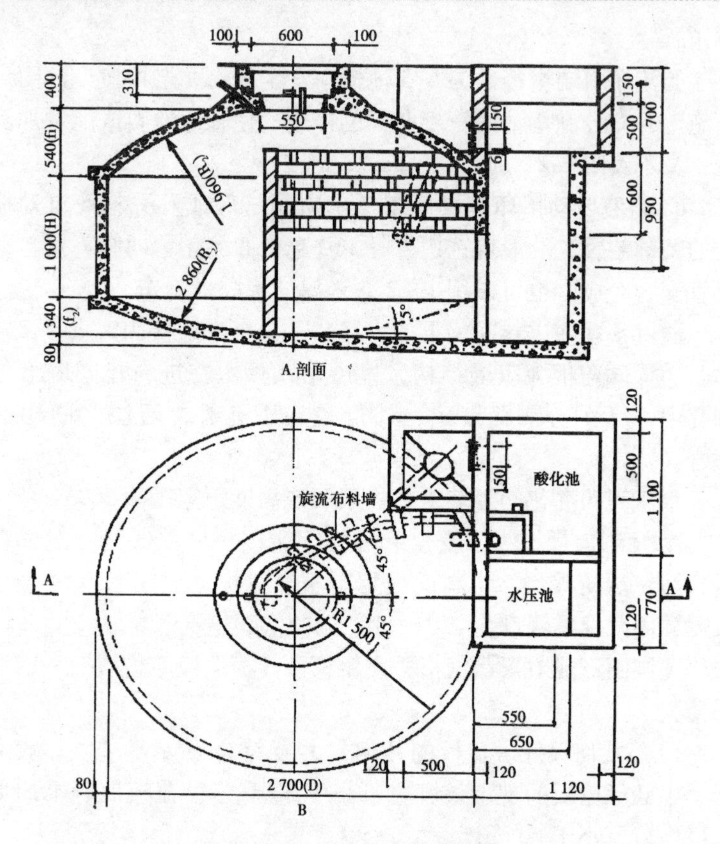

图 2－6　旋流布料墙和料液自动循环装置施工（单位：mm）

（3）混凝土。盖板的混凝土强度应达到 70%，盖板面要进行表面处理。活动盖板上下底面及周边侧面应按沼气池内密封做法进行粉刷，进出料间盖板表面用 1∶2 水泥砂浆粉 5 毫米厚面层，要求表面平整、光洁，有棱有角。

（二）注意事项

（1）砌砖前先将砖浸湿，保持面干内湿。

（2）砖砌体要横平竖直，内口顶紧，外口嵌牢，砂浆饱满，竖缝错开。

（3）砖砌体应浇水养护，避免灰缝脱水，黏接不牢。

（4）细石混凝土要混合均匀，填充密实。

（5）进料管、抽渣管、导气管与池墙结合部位，应用砂浆包裹后，再用细石混凝土加强。

三、养护与回填土

（一）操作方法

浇筑在单砖漂拱池盖上的细石混凝土，现浇完毕 12 小时以后，应立即进行潮湿养护。对外露的现浇混凝土，如池盖、蓄水圈、水压间、进料口以及盖板等应加盖草帘，并加水养护。池体混凝土达到 70% 的设计强度后进行回填土，其湿度以“手捏成团，落地开花”为最佳。回填要对称、均匀、分层夯实，并避免局部冲击荷载。

（二）注意事项

（1）在一般情况下，硅酸盐水泥、普通硅酸盐水泥及矿渣硅酸盐水泥拌制的混凝土，其养护天数不应少于 7 天。

（2）在外界气温低于 5℃时，不允许浇水。

（3）回填土时，要避免局部冲击荷载对沼气池结构体的破坏。

四、出料搅拌器施工

出料搅拌器由抽渣管和活塞构成，是户用沼气池的重要组成部分，其作用是通过活塞在抽渣管中上下运动，从发酵间底部抽取发酵料液，分别送入出料间和进料间，达到人工出料和回流搅拌的目的。

（一）施工方法

（1）选用外径 110 毫米、长 2 300 ~ 2 500毫米的厚壁 PVC

管作抽渣管，在用砖砌筑池墙时，以30°~45°的角度斜插于池墙或池顶，安装牢固。

（2）抽渣管下部距池底200~300毫米，上部距地面50~100毫米。

（3）抽渣管与池体连接处先用砂浆包裹，再用细石混凝土加固，确保此处不漏水、不漏气。

（4）活塞由外径98毫米的塑料成型活塞底盘、外径104毫米的橡胶片和外径10毫米、长1 500毫米的钢筋提杆，通过螺栓连接而成。

（二）注意事项

（1）安装和固定抽渣管时，要综合考虑地上部分的建筑，使抽渣管上口位于畜禽圈外。

（2）固定抽渣管时，要考虑人力操作的施力角度和方位，在活塞的最大行程范围内，不能有阻碍情况发生。

（3）施工中，要认真做好抽渣管和池体部分的结合与密封，防止出现漏水情况。

五、密封层施工

沼气发酵是厌氧发酵，发酵工艺要求沼气池必须严格密封。水压式沼气池池内压强远大于池外大气压强，密封性能差的沼气池不但会漏气，而且会使水压式沼气池的水压功能丧失殆尽。因此，沼气池密封性能的好坏是关系到人工制取沼气成败的关键。

（一）施工方法

密封层施工要按照《户用沼气池施工操作规程》（GB/T4752—2002）的技术要求来完成。户用沼气池一般采用“二灰二浆”，在用素灰和水泥砂浆进行基层密封处理的基础上，再用密封涂料仔细涂刷全池，确保不漏水，不漏气。

1. 基础密封层施工

（1）混凝土模板拆除后，立即用钢丝刷将表面打毛，并在抹灰前用水冲洗干净。

（2）当遇有混凝土基层表面凹凸不平、蜂窝孔洞等现象时，先用凿子剔成斜坡，除漏浆凸面，用素灰和1∶1的水泥砂浆填补凹面、孔洞和砌块大缝隙。

（3）用水灰比为0.4～0.5的稠素水泥浆涂刷全池；用水灰比为0.4～0.5的1∶3的水泥砂浆粉刷全池；用水灰比为0.4～0.5的素水泥浆涂刷全池；用水灰比为0.4～0.45的1∶2水泥砂浆粉刷全池，并抹压收光。

（4）施工要求

①分层交替抹压密实，以使每层的毛细孔道大部分切断，使残留的少量毛细孔无法形成连通的渗水孔网，保证防水层具有较高的抗渗防水功能。

②素灰层与砂浆层应在同一天内完成，切勿抹完素灰后放置时间过长或次日再抹水泥砂浆。

③素灰层要薄而均匀，不宜过厚，否则造成堆积，反而降低黏结强度且容易起壳。抹面后不宜干撒水泥粉，以免素灰层厚薄不均影响黏结。

④用木抹子来回用力揉压水泥砂浆，使其渗入素灰层。如果揉压不透，则影响两层之间的黏结。在揉压和抹平砂浆的过程中，严禁加水，否则砂浆干湿不一，容易开裂。

⑤水泥砂浆初凝前收水70%时进行收压，收压不宜过早，但也不能迟于初凝。

⑥池内所有阴角用圆角过度。抹灰必须一次抹完，不留施工缝。施工完毕后要洒水养护，夏天更应注意勤洒水养护。

2. 表面密封层施工

基础密封层施工后，用密封涂料涂刷池体内表面，使之形成一层连续性均匀的薄膜，从而堵塞和封闭混凝土和砂浆表层的孔隙和细小裂缝，防止漏气发生。涂料性能要求具有弹塑性好，无毒性，耐酸碱，与潮湿基层黏结力强，延伸性好，耐久性好，且可涂刷。

（二）注意事项

（1）基础密封层施工时，各层抹灰要压实抹平，避免第一层抹灰层与结构层、第二层抹灰层与第一层抹灰层之间出现离层现象。

（2）表面密封层施工时，密封涂料的浓度要调配合适，不能太稀，也不能太稠。太稀，刷了不起作用；太稠，刷不开，容易漏刷。

（3）涂刷密封涂料的间隔时间为 1～3 小时，涂刷时用力要轻，按顺序水平、垂直交替涂刷，不能乱刷，以免形成漏刷。

六、池体质量检验

沼气池建成后，在发酵启动之前，一定要进行气密性检验。

（一）检验方法

1. 水压法 向池内注水，水面升至零压线位时停止加水，待池体湿透后，标记水位线，观察 12 小时，当水位无明显变化时，表明发酵间及进、出料管水位以下不漏气水后方可进行试压。试压时先安装好活动盖，并做好密封处理，接上 U 型水柱气压表后，继续向池内加水。待 U 型水柱气压表数值升至最大设计工作气压时（户用沼气的设计压力为 80 厘米水柱），停止加水，记录 U 型水柱气压表数值，稳压观察 24 小时。若气压表下降数值小于设计工作气压的 3% 时，可确认为该沼气池的抗渗性能符合要求。

2. 气压法 池体加水试漏同水压法。确定发酵间及进、出料管水位以下不漏气水之底抽出池中水，将进、出料管口及活动盖严格，装上 U 型水柱气压表，向池内充气，当 U 型水柱气压表数值升至设计工作气压时，停止充气，关好开关，稳压观察24小时。若U型水柱气压表下降数值小于设计工作气压的3%时，可确认该沼气池的抗渗性能符合要求。

（二）相关知识

U型水柱气压表 常用透明软塑料管制作，内装带色水柱，读数直观明显，测量迅速准确。制作方法：在一块长1.2米、宽0.2米左右的木板上用线卡钉上市售的沼气压力表纸，用透明塑料管弯成“U”型，管内注入用1/2水稀释的红墨水，以指示沼气压力；“U”型管的一端接气源，另一端接安全瓶（图2－7）。当沼气压力超过规定的限度时，便将“U”型管内的红水冲入安全瓶内，多余的沼气就通过瓶内的长管排出；当压力降低时，红水又回到“U”型管内。

（三）注意事项

（1）混凝土强度达到设计强度等级的85%以上时，方能进行试压查漏验收。

（2）试压查漏应在U型水柱气压表数值升至设计工作气压时，稳压观察24小时，压力损失不超过2.4厘米水柱。

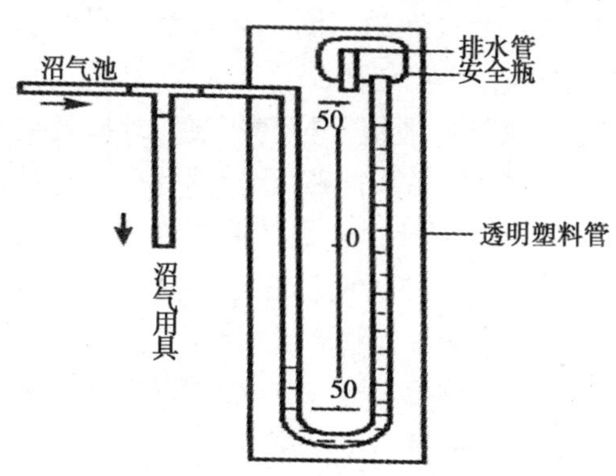

图2－7 U型水柱气压表

第三章　现浇混凝土沼气池施工

第一节　施工准备

现浇混凝土沼气池施工准备包括规划、选型、选址、定容、放线、挖坑、校正等工序。

一、沼气系统规划和选型

1. 系统规划

（1）对庭院设施进行合理规划。发展农村庭院沼气，要重视和解决好以沼气池为中心的发酵料液的前、后处理环节。前处理包括厕所、猪舍、沼气池“三结合”方式和太阳能猪舍的设计建造，后处理包括沼气池出料和沼肥的使用。通过对农户庭院设施的优化设计，合理布局，使建池农户拥有清洁的厨房、干净的浴室、卫生的厕所、无蚊蝇的猪圈、高效率的沼气池和排污系统，使庭院干净卫生，优美高雅。

（2）将沼气与主导产业组装配套。要实现庭院生态农业系统内部物质和能量的良性循环，必须通过肥料、饲料和燃料这3个枢纽，因而“三料”的转化途径是整个生态系统功能的关键环节。沼气发酵系统正好是实现“三料”转化的最佳途径，在生态农业中起着回收农业废弃物能量和物质的特殊作用。通过规划和建设，将变废为宝的沼气池，变成连接农、林、牧、副、渔各业的纽带，使吨粮田、林果山、禽畜圈、水产池连成一片，实现无污染、无废料、“能量流、物质流、经济流”良性循环的生态农业体系。

（3）采用高效沼气发酵装置。适宜于农户应用的沼气池为《户用沼气池标准图集》（GB/T4750—2002）中的池型（图1－13、图1－14、图1－15）和“旋流布料自动循环沼气池”和“旋流布料强制循环沼气池”（图1－10、图1－11）等池型。其中，旋流布料沼气池、强回流沼气池和曲流布料C型沼气池等池型克服了静态发酵沼气池所产生的料液“短路”、不能保留高浓度活性微生物、新鲜原料和菌种不能充分接触、池内沉渣和结壳大量积累，造成池容产气率低，原料利用率低，出料困难等缺点，实现了自动循环、自动搅拌、自动破壳、自动增温、微生物成膜、消短除盲和两步发酵等动态发酵状态，产气量高，管理轻便，在发展农村庭院沼气时，应优先引进和采用。

2. 池型选择

（1）与工艺配套选型。庭院沼气池的选型与工艺选型密不可分。发酵工艺与池型往往要同时考虑、配套应用。池型的设计必须满足工艺的要求，以发酵工艺参数为依据。如因特殊原因，选定了池型，选用的发酵工艺也必须与池型相适应。

（2）根据用户情况选型。①普通用户。普通用户建池一般为解决生活用能、积肥和综合利用，原料大部分为人畜粪便和秸秆。这种情况下，选用“三结合”式水压池即可。如原料多，以秸秆为主料发酵，也可选用分离浮罩式池型，配干发酵工艺或选用两步发酵池型，增设产酸池。②养殖专业户。常年养猪户以猪粪为发酵主料，可选用组合式旋流布料自动循环沼气池，结合种植、养殖、加工业，建造厕所、太阳能畜禽舍和地下沼气池组合为一体的三位一体综合设施。如养猪不多，还可以选用其他材质的小型高效沼气池。③禽畜养殖场。这种情况下，以禽畜粪便为发酵原料，且有充足的料源，可选用高效连续发酵装置。例如，上流式厌氧污泥床反应器、厌氧过滤反应器等先进发酵装置。

（3）根据地域选型。寒冷地区宜选用地下池，并配套地面保温设施；水位高的地区可选建地上池、半地下池；南方地区气温高，可建地下池、半地下池、地上池等。

（4）根据技术水平选型。设计能力强、管理水平高，可选建较先进的池型，实行现代化管理。技术力量薄弱，应选用易操作管理的池型。

（5）根据综合因素选型。沼气池选型和工艺选型一样，不但要考虑单一因素，也要考虑多方面因素，要依据建池成本、回收期、经济效益和社会效益等，因地制宜、因户制宜决定。

二、沼气池定容和备料

（一）定容和备料方法

1. 确定建池容积 沼气池容积是沼气池设计中的一个重要问题，应根据用户所拥有的发酵原料、所采用的发酵工艺和用气要求等因素确定。小型户用沼气池一般根据用气要求确定建池容积。满足一个农户全家人口生活用能的沼气池池容，可用下列公式计算：

$$V = V_1 + V_2 = V_1 + 0.15\ V_1 = 1.15\ V_1 = 1.15nkr$$

式中：V 表示沼气池净空总容积（立方米）；

V_1 表示发酵间容积（立方米）；

V_2 表示贮气间容积（立方米），$V_2 = 0.15V_1$；

n 表示气温影响系数，南方取 0.8～1.0，中部取 1.0～1.2，北方取 1.2～1.5；

k 表示人口影响系数，2～3 口之家取 1.8～1.4，4～7 口之家取 1.4～1.1；

r 表示每户人口数。

沼气池容积与人口的关系见表 3－1。

表3－1　沼气池容积与人口的关系

沼气池容积（立方米）	6	8	10	12
每天可产沼气量（立方米）	1.2	1.6	2.0	2.4
可满足全家人口数（个）	3	3～5	4～6	5～7

2. 准备材料　建一个8立方米曲流布料沼气池，用现浇混凝土法建池，实际用料量为：42.5号普通硅酸盐水泥1 000千克左右，中砂1.5立方米左右，5～20毫米卵石2.2立方米左右，直径6毫米钢筋5千克左右（表3－2）。如遇到池坑浸水量大或土质松软的地方，建材用量应增加10%～20%。

表3－2　现浇混凝土曲流布料沼气池材料参考用量表

容积（立方米）	混泥土				池体抹灰			水泥素浆	合计材料用量		
	体积（立方米）	水泥（千克）	中砂（立方米）	碎石（立方米）	体积（立方米）	水泥（千克）	中砂（立方米）	水泥（千克）	水泥（千克）	中砂（立方米）	碎石（立方米）
6	2.148	614	0.852	1.856	0.489	197	0.461	93	904	1.313	1.856
8	2.508	717	0.995	2.167	0.551	222	0.519	103	1 042	1.514	2.167
10	2.956	845	1.172	2.553	0.658	265	0.620	120	1 230	1.792	2.553

根据池型结构，确定施工工艺，准备建池所需的材料、模具和工具等。所选用的建池构料质量应符合有关要求（第二章）。

（二）注意事项

混凝土中使用的钢筋应清除油污、铁锈并矫直后使用。

三、沼气池定位和放线

（一）定位和放线方法

1. “三结合”设计和建设　根据农户庭院的方位、走向和布局，确定庭院沼气设施的建造位置。在沼气池与猪圈、厕所“三结合”的前提下，做到住房、猪栏、厕所、沼气池等科学规划，合理布局。先建沼气池，后建猪圈和厕所，使人畜粪便随时流入沼气池，以达到连续进料、冬季保温和美化优化庭院的目的。

2. 先确定地面设施方位，再确定沼气池位置 根据庭院沼气系统规划设计图纸，在选定的池坑区域地面上，画出畜禽圈和厕所的位置外框灰线（图3－1）。在畜禽圈外框灰线内，确定沼气池中心位置，画进料口平面、发酵池平面、水压间平面三者的外框灰线。根据信阳市的气候特征和农民生活习惯，庭院沼气系统放线时，可将水压间、出料管和储肥间布局在畜禽圈外，但要布局整齐、美观，和农户庭院的方位和走向一致。

3. 确定沼气池中心点和标高基准点 在沼气池池坑尺寸线外0.8米左右处钉4根定位木桩，分别钉上钉子以便牵线，两线的交点便是圆筒形沼气池的中心点，该点可以在施工中随时校正池体的圆整性。选一个定位桩为标高基准桩，在其上标定±0.000点，作为校正沼气池各部分垂直高度的基准点。

（二）注意事项

1. 在规划庭院沼气系统时，沼气池应建在畜禽舍下面，水压间南方可放在畜禽舍外，北方宜放在畜禽舍内，但出料间和贮肥间必须放在畜禽舍外，以便日常管理。地上部分的畜禽舍和厕所应坐北向南，方位应和住房及院墙的走向一致，以保证整体协调。

2. 在沼气池放线时，要结合用户庭院设施的整体布局和地面设施情况，确定好沼气池的中心和±0.000标高基准位置。

四、沼气池土方和基础施工

（一）土方和基础施工方法

1. 池坑开挖

沼气池池坑开挖时，首先要按设计图纸尺寸（表3－3）定位放线。放线尺寸为：池身外包尺寸 +2 倍池身外填土层厚度（或操作现场尺寸） +2 倍放坡尺寸。当定位灰线划好后，在灰线外四角离灰线约 1 米处钉 4 根定位木桩，作为沼气池施工时的控制桩。在对角木桩之间拉上联线，其交点作为沼气池的中心。沼气池尺寸以中线挂线为基准，施工时随时校验。

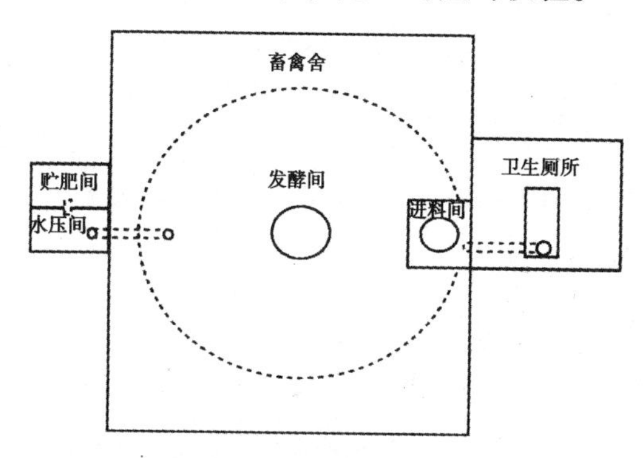

（1）进出料对称布局庭院沼气系统

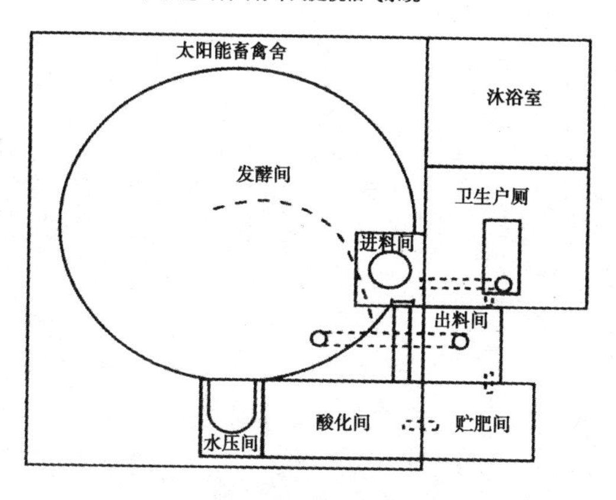

（2）进出料一侧布局庭院沼气系统

图 3－1　庭院沼气系统放线图

关于放坡尺寸，可根据不同土质确定挖方最大坡度。当土层具有天然湿度，构造均匀，水文地质条件良好，在无地下水时，深度在 5 米以内，不加支撑的基坑，可分别确定边坡坡度（高：宽）：砂土 1：1，亚砂土 1：0.67，亚黏土 1：0.5，黏土 1：0.33，含砾石或卵石土 1：0.67，干黄土 1：0.25。在实际应用中，砂质较多的应加大边坡坡度，如遇地下水时，也要求放大坡度。当所要求的坡度较大而又限于场地位置时，要注意土方的开挖对邻近房屋基础的影响，必要时应使用临时支撑。

基坑开挖过程和敞露期间，应防止塌方，必要时应加以保护。堆土或移动施工机械时，应与挖方边缘保持一定的距离，以保持边坡和直立壁的稳定。当土质良好时，堆土距挖方边缘 0.8 米以外，高度不超过 1.5 米。

表 3－3　曲流布料沼气池结构尺寸

主池容积（立方米）	6			8			10		
主池直径 D（毫米）	2 400			2 700			3 000		
主池矢高 f_1（毫米）	480			540			600		
出料管高度 h_1（毫米）	1 300			1 340			1 380		
出料口高度 h_2（毫米）	800			840			880		
产气率[立方米/(立方米·天)]	0.2	0.3	0.4	0.2	0.3	0.4	0.2	0.3	0.4
水压间有效容积（立方米）	0.6	0.9	1.2	0.8	1.2	1.6	1.0	1.5	2.0
水压间直径（毫米）	1 000	1 200	1 400	1 160	1 400	1 600	1 300	1 600	1 800

2. 地基加固

在松软地基土质上建造沼气池，应采取地基加固处理，并在土方开挖阶段完成。常用的处理方法如下。

（1）用砂垫层和砂石垫层加固。选用质地坚硬的中砂、粗砂、砾砂、卵石或碎石作为垫层材料，在缺少中砂、粗砂或砾砂的地区，也可采用细砂，但应同时掺入一定数量的卵石、碎石、石渣或煤渣等废料，经试验合格，也可作为垫层材料；选用的垫层材料中不得含草根、垃圾等杂质。在铺垫垫层前，应先验坑

（包括标高和形状尺寸），将浮土铲除。然后将砂石拌和均匀后，进行铺筑捣实。

（2）用灰土加固。灰土中的土料，应尽量采用池坑中挖出的土，不得采用地表耕植层土，土料应予过筛，其粒径不得大于15毫米；熟石灰应过筛，其粒径不得大于5毫米。熟石灰中不得夹有未熟化的生石灰块，不得含有过多的水分；灰土比宜用2∶8或3∶7（体积比）；灰土的含水量以用手紧握土料能成团，两指轻捏即碎为佳（此时，含水量一般在23%～25%），含水过多或过少均难以夯实；灰土应拌和均匀，颜色一致，拌好后要及时铺设夯实；灰土施工应分层进行，如采用人工夯实，每层以虚铺15厘米为宜，夯至10厘米左右表明夯实。

（3）用灰浆碎砖三合土加固。三合土所用的碎砖，其粒径为2～6厘米，不得夹有杂物，砂泥或砂中不得含有草根等有机杂质；灰浆应在施工时制备，将生石灰临时加水化开，按配合比掺入砂泥，均匀搅和即成；施工时，碎砖和灰浆应先充分拌和均匀，再铺入坑底，铺设厚度20厘米左右，夯打至15厘米；灰浆碎砖三合土铺设至设计标高后，在最后一遍夯打时，宜浇浓灰浆，待表层灰浆略为晒干后，再铺上薄层沙子或煤屑，进行最后夯实。

（二）相关知识

1. 淤泥土质土方工程 淤泥土质的特点是含水量大而易淤，在挖掘土方时，会有不同程度的回淤，使池坑不易按设计尺寸成型，甚至会由于坑底土掏松或破坏而使沼气池建成后下沉，造成进、出料管与池身联结处发生拉裂事故。如果坑壁侧淤，宜用适当支撑或改用沉井作池身。如坑底升淤，发生回淤量过大时，挖到设计标高后，以大卵石进行地基加固处理。

2. 流砂土质土方工程 流砂地区的沼气池土方工程施工，事先必须认真分析，制定可靠的施工方案，以避免流砂现象的产生。流砂地区沼气池土方工程施工有以下几种方案：

（1）避。流砂现象的产生和地下水紧密相关，所以，可采取“避”的做法：在时间上，避开高水位季节施工；在池址选择上，避开高水位地区；改变原设计的池坑底部标高，将沼气池升高，采用半埋式或地上式沼气池。

（2）降。将集水坑设置于沼气池池坑外，并且先降水，后开挖池坑中土方，由于地下水的临时性下降，使砂层失水而稳固下来，避免砂子的流动。

（3）隔。采用沉井法施工，将池坑外的砂用沉井筒隔开。随着池坑土方的开挖，沉井也随之下沉，这样始终将砂隔于沉井之外，避免土体的垮塌。

在具体情况下，降不低地下水位，而流砂土已造成时，则会增加土方工程量，而且会把池底下及池坑四周的土掏松，影响建池和池旁建筑物的质量问题，因此，不宜再挖。此时，应改变池身的设计标高，将沼气池升高。如果能抽水降低地下水位来开挖土方，也要注意因降低水位而对紧紧相邻的建筑物发生不均匀沉降的影响。

3. 高地下水基础工程处理　在地下水位较高地区建池，应尽量选择在枯水季节施工，并采取有效措施进行排水。建池期间，发现有地下水渗出，一般采取“排、降”的方法。池体基本建成后，若有渗漏。可采用“排、引、堵”的方法，或进行综合处理。

（1）盲沟及集水坑排水。当池坑大开挖，池坑壁浸水时，池坑应适当放大，在池墙外侧做环形盲沟，将水引向低处，用人工或机械排出。盲沟内填碎石瓦片，防止泥土淤塞，待池墙彻筑完成后，池墙与坑壁间用黏土回填夯实，起防水层作用。

当池坑开挖后，池底浸水时，池底可做十字形盲沟，在池底中心设集水坑，使浸水集中排出。待池底建成，做好抹灰，最后填坑堵水。

（2）深井排水。若地下水流量较大，可在池坑2米以外设1～3个深井，使井底比池底深800～1 000毫米，由池壁盲沟或池底十字形盲沟将水引至深井，用人工或机械抽排深井中的水，使水位降至施工操作面以下。

（3）沉井排水。在高地下水位地区建池，池坑开挖时，由于水位高，土壤浸水饱和，池壁不断垮坍，如果坑中抽水，由于坑壁内外水的压差造成坑壁外的砂子连续不断地流入坑内，此现象称为流砂。产生上述问题后，池子无法继续施工。面对这种情况，可照沉井施工原理，进行挡土排水，防止流砂和土方倒塌，确保施工的顺利进行。

简易的沉井方法是用无底无盖的混凝土圆筒放入，随土方开挖，圆筒随之下沉，直至设计位置，最后向筒底抛以卵石，并在沉井法施工的集水井内不断抽水，同时，浇灌混凝土池底，并填塞集水井，直至全部完成。

（三）注意事项

（1）开挖池坑时，严禁挖成上凸下凹的“洼岩洞”，挖出的土应堆放在离池坑远一点的地方，禁止在池坑附近堆放重物。对土质不好的松软土、砂土，应采取加固措施，以防塌陷。如遇地下水，则需采取排水措施，并尽量快挖快建。

（2）用灰土加固地基完毕后，其上应盖以塑料布、草垫之类，以防日晒雨淋影响质量。刚夯实完毕的灰土如突然遭受雨淋浸泡，则应将积水及松软灰土铲除后补填夯实。稍受浸湿的灰土，可在晒干后再补夯。

（3）冬季施工时，不得采用冻土或夹有冻土块的土料作灰土，并应采取有效的防冻措施。

（4）开挖地坑、运送石料和建池砌筑时，要防止石料滑落、掉砖和工具失手砸伤施工人员。运输石料和搭脚手架的绳索，必须坚实、牢固，防止落架或断裂伤人。

第二节　池体施工

现浇混凝土沼气池施工是在完成土方和池底浇筑的基础上，利用原状土壁做池墙外模，池墙和池拱内模用钢模、木模或砖模组装或组砌好后，一次现浇成型的建池工艺。

一、浇筑池体

（一）施工程序和操作方法

1. 浇筑池底

户用沼气池池底应根据不同的池坑土质，进行不同的处理。对于黏土和黄土，挖至老土，铲平夯实后，用C15混凝土直接浇灌池底60~80毫米即可。如遇砂土或松软土质，应先做垫层处理。首先将池坑土质铲平、夯实，然后铺一层直径为100毫米的大卵石，再用砂浆浇缝、抹平，厚100~120毫米。垫层处理完后，即可在基础上用C15混凝土浇灌池底混凝土层60~80毫米，然后原浆抹光（图3－2）。

为避免操作时对池底混凝土的质量带来影响，施工人员应站在架空铺设于池底的木板上进行操作。浇筑沼气池池底时，应从池底中心向周边轴对称地进行浇筑。要用水平仪（尺）测量找平下圈梁，用抹灰板以中心点为圆心，抹出一个半径142厘米（8立方米）或157厘米（10立方米）的圆形平台面，作为钢模池墙的架设平台。

2. 组装模板

户用沼气池采用现浇混凝土作为池体结构材料时，提倡用钢模、玻璃钢模或木模施工。无此条件时，也可采用砖模施工。钢模和玻璃钢模强度高，钢度好，可以多次重复使用，是最理想的

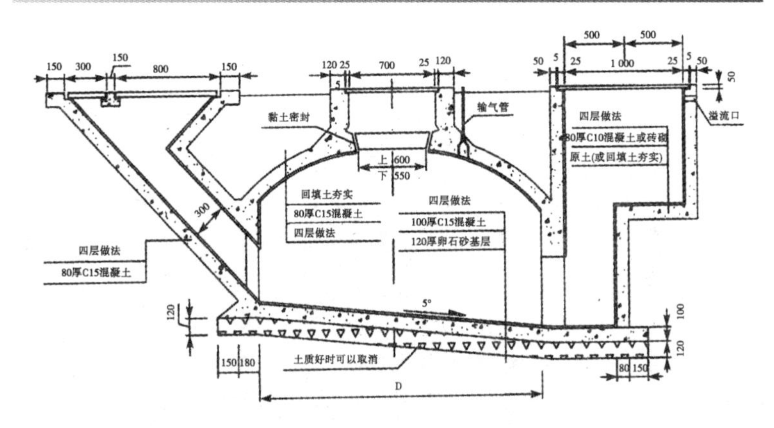

图 3－2　曲流布料沼气池构造详图（A 型）（单位：mm）

模具。砖模取材容易，不受条件限制，成本也低。不论采用什么模具，都要求表面光洁，接缝严密不漏浆；模板及支撑均有足够的强度、钢度和稳定性，以保证在浇筑混凝土时不变形，不下沉，拆模方便。

池底混凝土初凝后，即可组装钢模或玻璃钢模板、组砌砖模或用伞形架法制作沼气池池拱砂模。

（1）组装钢模。农村家用沼气池钢模板规格通常为 6 立方米、8 立方米、10 立方米 3 种，分为池墙模、池拱模、进料管模、出料管模、水压间模和活动盖口模等，池墙模、池拱模 6 立方米池 15 块、8 立方米池 17 块、10 立方米池 19 块，组装在一起成为现浇混凝土沼气池的内模，外模一般用原状土壁。

在组装沼气池钢模板时，要按各模板的编号顺序进行组装，并将异型模配对组装在最底部位，以便拆模。一般池底浇筑后 6 小时以上才可以支架沼气池钢模具。支模时，先支墙模，后支顶模，若使用无脱模块的整体钢模时，应注意支模时要用木条或竹条设置拆模块；主池、进出料管等钢模要同步进行，支架完成后，即可浇灌；水压间、天窗口模板待施工到相应部位后再支架。

（2）组砌砖模。用砖组砌沼气池内模的施工程序和技术要点为：

①组砌池墙模。池墙采用砖模作内模时，先砌第一圈立砖，内贴油毛毡；池墙混凝土捣 250～300 毫米深后，再砌第二圈立砖，内贴油毛毡；再浇混凝土，依次往上施工。砖内模采用低标号砂浆或黏土砂浆砌筑，砂浆一定要饱满，尺寸要准确，以免浇捣混凝土时砖模变形。

浇混凝土时，应沿池墙一圈铲入混凝土，均匀铺满一层后，再仔细振捣密实，并注意不要将基坑土及砖内模的砖筑砂浆拌到混凝土内。

②砌池拱模。池拱采用砖模时，砖模用低标号砂浆砌筑。砖模上先用黏土砌浆抹成光洁球面后，再铺一层塑料薄膜，然后再浇捣混凝土。一般应待混凝土强度达到 5 兆帕后，才能拆除砖模，撕下塑料薄。

（3）制作砂模。用一根较粗的木棒直立于池底中心，顶端取一点（池的直径乘 0. 725 处），绑若干根支架，支架的另一端置于池墙顶端预留空隙处，支架之间加放若干横条，然后铺上草席等物，再垫上泥土和隔离砂，做成失跨比为 1∶5 的削球体形状，抹光压实。再在上面浇注厚度为 60～80 毫米的 1∶3∶6 = 水泥∶砂∶卵石的混凝土，拍打、提浆、抹平。

3. 浇筑池墙和池拱

（1）沼气池池底混凝土浇筑好后，一般相隔 24 小时浇筑池墙。浇筑沼气池池墙、池拱，不论采取钢模、玻璃钢模、还是木模，浇筑前必须检查校正，保证模板尺寸准确、安全、稳固，主池池墙模板与土坑壁的间隙均匀一致。浇筑前，在模板表面涂上石灰水、肥皂水等隔离剂，以便于脱模，减少或避免脱模时敲击模具，保证混凝土在发展强度时不受冲击。用砖模时，必须使用油毡、塑料布等作隔离膜，防止砖模吸收混凝土中的水分和水泥浆及振捣时发生漏浆现象，而便于脱模。

（2）池墙一般用C15混凝土浇筑，一次浇筑成型，不留施工缝隙。池墙应分层浇筑，每层混凝上高度不应大于250毫米，浇灌时，先在主池模板周围浇捣6个混凝土点固定模板，然后沿池墙模板周围分层铲入混凝土，均匀铺满一层后，振捣密实，并且注意不能用铲直接倾倒，应使用砂浆桶倾倒，这样可以保证砂浆中的骨料不会在钢模上滚动而分离，从而保证建池质量。浇筑要连续、均匀、对称，用钢钎有次序地反复捣插，直到泛浆为止，保证池体混凝土密实，不发生蜂窝、麻面等情况。

池拱用C20混凝土一次浇筑成型，厚度为80毫米以上，经过充分拍打、提浆，原浆压实、抹平、收光。浇筑池拱球壳时，应自球壳的周边向壳顶轴对称进行。

进出料管模下部先用混凝土填实，与模具接触的表面用砂浆成型，减少漏水、漏气现象的发生。在混凝土未凝固前，要转动进出料管模，防止卡死。尽量采用有脱模块的钢模，这样不需转模，也方便脱模。

（3）在已硬化的混凝土表面继续浇筑混凝土前，应除掉水泥薄膜和表面的松动碎石、松软混凝土层，并加以充分湿润、冲洗干净和清除积水。水平施工缝在（如池底与池墙交接处、上圈梁与池盖交接处）继续浇筑前，应先铺上一层20～30毫米厚与混凝土内砂浆成分相同的砂浆。

（4）农村沼气池一般采用人工捣实混凝土。捣实方法是，池底和池盖的混凝土可拍打夯实，池墙则宜采用钢钎插入振捣。务必使混凝土拌和物通过振动，排挤出内部的空气和部分游离水，同时，使砂浆充满碎石间的空隙，混凝土填满模板四周，以达到内部密实、表面平整的目的。

4. 布料板和塞流板施工

曲流布料沼气池 B 型设有塞流板，C 型设有布料板和塞流板。布料板的作用是使原料进入池内时，由布料板进行布料，形成多路曲流，增加新料扩散面，充分发挥池容负载能力，提高池容产气率；塞流板的作用是增加微生物和原料的滞留时间，防止微生物随出料流失。施工方法是：采用 C20 混凝土配 ¢6 钢筋，按 GB/T4750—2002 中的几何尺寸，提前预制好布料板和塞流板，在池墙、池拱封刷完工后，按照曲流布料沼气池 B 型（图 3－3）和 C 型（图 3－4）结构图安装布料板和塞流板，并用砂浆加固。

5. 破壳输气吊笼施工

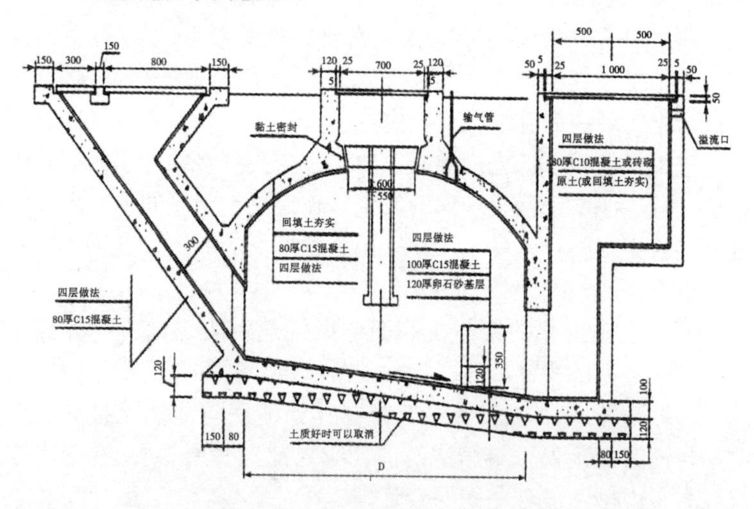

图 3－3　曲流布料沼气池构造详图（B 型）（单位：mm）

曲流布料沼气池 C 型（图 3－4）设有破壳输气吊笼，它是安装在多功能活动盖中心管上的双层吊笼，可以用竹条制成蓖笼，也可以用 φ6 钢筋作骨架，用塑料线编织滤网制成，几何尺寸按 GB/T4750—2002 中的曲流布料沼气池构配件图施工（图3－4)。破壳输气吊笼的安装施工方法，要在沼气池内部所有工序完成，密封性能检验合格，可以投料启动前进行。安装时，要先将吊笼从天窗口装入发酵池，然后把多功能活动盖安装上，最后从池内把破壳输气吊笼安装到中心管上，破壳输气吊笼在中心管上可以转动。破壳输气吊笼在池内气压变化时，液面上升、下降，进、出料时，料液流动等过程中产生搅拌、破壳作用。另外，破壳输气吊笼是双层滤渣结构，两层中间保持稀液不结壳，用气时稀液上升很快，达到稀湿上部结壳层的作用。保持下部、中部产生的沼气容易从破壳输气吊笼中进入气箱。

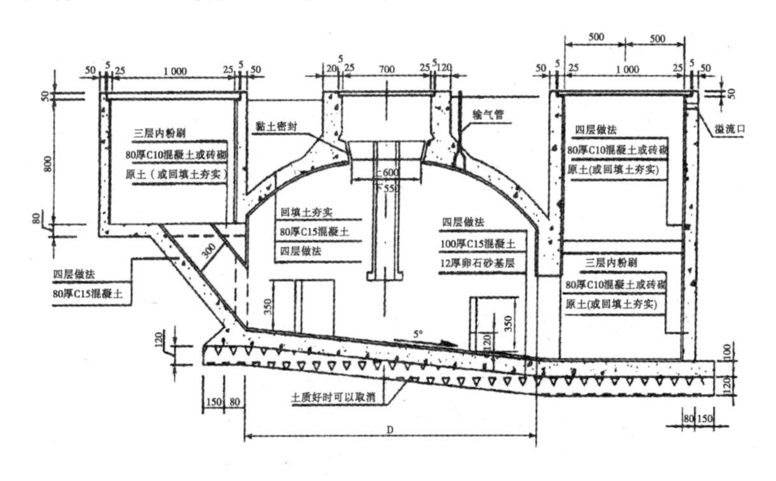

图3－4　曲流布料沼气池构造详图（C型）（单位：mm）

6. 强回流装置施工

曲流布料沼气池C型设有强回流装置（图3－5)，抽料器上口位于预处理池上部，下口连接水压间底部，通过活塞在抽料器中来回抽动，可以把水压间底部料液、菌种回流到预处理池，混合新原料由进料口入池发酵，提高原料利用率和产气率。施工安装工序是在主池浇灌完成，进行预处理池和水压间施工时，再安装抽料器，回填土时，注意不能损坏抽渣管。建池完工投入使用时，把抽料器活塞装入圆筒管内即可使用。

7. 中心吊管施工

曲流布料沼气池B型、C型都设有中心吊管，它是与活动盖连为一体的多功能装置。活动盖施工的外圆、厚度、配筋等都与水压式沼气池相同，不同的是中心要预留280毫米的通孔与中心管外圆连接，其几何尺寸、配筋、混凝土标号等按GB/T4750—2002曲流布料沼气池构件图施工（图3－5）。在活动盖上设置中心吊管可以直接进、出料，优质料液、菌种可以直接加到发酵池中心部位，液肥车可以把抽料管直接插入池中心抽取沼气池的料液，沼气池产气时，料液从中心管孔中上升到活动盖上面，用气时自动落下，循环搅拌中心部位，同时，保证天窗口与活动盖的密封胶泥不会干裂、漏气。另外，中心管外圆也起到一定的破壳搅拌作用。用带圆盘的木棒从中心管孔中进行人工搅拌，比从进料管搅拌效果好。

（二）相关知识

1. 模板组装要求

模板是灌注混凝土结构的模型，它决定混凝土的结构形状和尺寸。在混凝土施工中，模板组装的基本要求是：

（1）安装正确。要保证结构和构件各部分尺寸、形状和位置的正确。

（2）支撑牢固。承受施工载荷后，模板不致发生变形和移位，具有足够的强度、刚度和稳定性。

（3）拆装方便。模板支撑系统构造简单，易于拆装，通用性强。

（4）用料合理。在保证支撑牢固的前提下，尽量节约用料，降低损耗，提高周转次数。

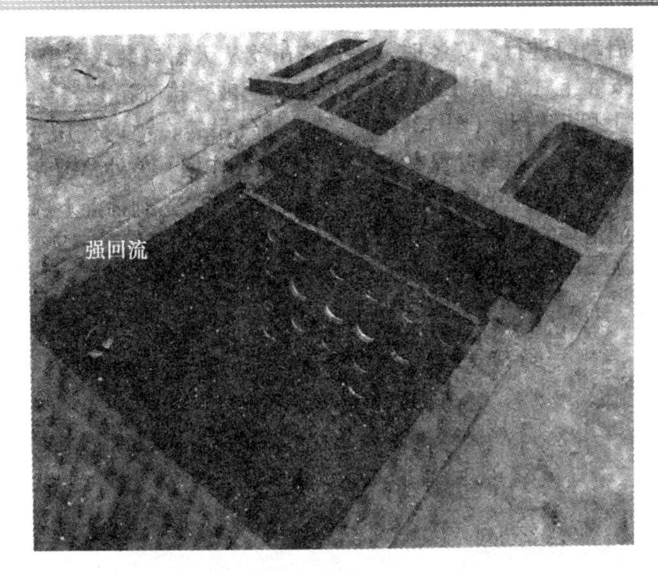

图3－5　曲流布料沼气池C型：强回流装置、
预处理池、滤料板和进料口位置图

（5）接缝严密。模板表面接缝平整、严密、不漏浆。

2. 混凝土浇筑

把搅拌好的混凝土，倒入模板中，这一过程叫混凝土浇筑。入模前的拌合物不应发生初凝和离析现象，如已发生，可重新搅拌，使混凝土恢复流动性和黏聚性后，再进行浇筑。在入模时，为了保证混凝土在浇筑时不产生离析现象，混凝土自高处倾落时的自由倾落高度不宜超过2米。若混凝土自由下落超过2米，要沿溜槽或串筒下落。在浇筑过程中，为了使混凝土浇捣密实，必须分层浇筑。

3. 混凝土振捣

混凝土浇入模板后，由于内部骨料之间的摩擦力、水泥净浆的黏结力、拌合物与模板之间的摩擦力，使混凝土处于不稳定状态。其内部是疏松的，空洞与气泡含量占混凝土体积的5%～

20%。而混凝土的强度、抗冻性、抗渗性等，都与混凝土的密实度有关。因此，必须采取适当的方法，在混凝土初凝前对其进行捣实，以保证其密实度。混凝土的振捣分为机械振捣和人工振捣两种。

4. 混凝土质量缺陷产生的原因

混凝土施工中，如果施工方法不正确，会出现麻面、蜂窝、孔洞、缺棱掉角等质量缺陷。发生这些质量缺陷的原因大都是因模板润湿不够，不严密，捣固时，发生漏浆或振捣不足，气泡未排出，捣固后没有很好养护；浇筑时垫块位移；材料配合比不准确或搅拌不均匀，造成砂浆与碎石分离，或在浇注混凝土时投料距离过高或过远，又没有采取有效的防止离析措施或捣固不足等。

（三）注意事项

（1）人工配制混凝土时，要尽量多搅拌几次，使水泥、沙、石混合均匀。同时，要控制好混凝土配合比和水灰比，避免蜂窝、麻面出现，达到设计的强度。

（2）浇筑混凝土时，要分层、均匀浇筑，避免因集中浇筑而出现的模具偏移和池体混凝土薄厚不匀现象。

（3）当利用基坑土壁作外模时，浇筑池墙混凝土和振捣时一定要小心，不允许泥土、杂草、木屑等掉在混凝土内。注意振捣混凝土时，每一部位都必须捣实，不得漏振。一般应以混凝土表面呈现水泥浆和不再沉落为合格。

二、养护、拆模和回填土

（一）施工方法

1. 养护 为保证沼气池混凝土有适宜的硬化条件，并防止其发生不正常的收缩裂缝，农村家用沼气池在混凝土浇筑完毕后12小时以内即应加以覆盖和浇水养护。在炎热的高温季节，灌筑完毕2小时后，对外露的现浇混凝土，如池盖、蓄水圈、水压间、进料口以及盖板等应覆盖草帘，并加水养护，以免混凝土中水分蒸发过快。养护混凝土所用的水，其要求与拌制混凝土用的水相同。养护浇水次数，以能保持混凝土具有足够的湿润状态为准。

2. 拆模　池体混凝土连续潮湿养护7昼夜以上方可拆模。拆墙模时，混凝土强度应不低于混凝土设计标号的40%；拆池顶承重模时，混凝土的强度应不低于设计标号的70%。拆模时，应先拆池顶脱模块，再拆池顶模，之后再拆池墙脱模块和池墙模。

3. 回填土　回填土应在池体混凝土达到70%的设计强度后进行，并应避免局部冲击荷载。回填土的湿度以“手捏成团，落地开花”为最佳。回填土质量要好，并可掺入石块、碎砖以及石灰窑脚灰等。回填时要对称、均匀、分层夯实。

（二）注意事项

（1）池体混凝土在20℃下，潮湿养护7天，强度达到设计标号的70%时，方可拆池顶承重模。过早拆模，会因强度不够，使结构破坏，出现池体裂缝等问题。

（2）在外界气温低于5℃时，不允许浇水养护。

（3）回填土时，要避免局部冲击荷载对沼气池结构体的破坏。

三、密封层施工

沼气发酵是厌氧发酵，发酵工艺要求沼气池必须严格密封。水压式沼气池池内压强远大池外大气压强，密封性能差的沼气池不但会漏气，而且会使水压式沼气池的水压功能丧失殆尽。因此，沼气池密封性能的好坏是关系到人工制取沼气成败的关键。

（一）施工程序

户用沼气池一般采用“二灰二浆”，在用素灰和水泥砂浆进行基层密封处理的基础上，再用密封涂料仔细涂刷全池，确保不漏水，不漏气。

1. 基层处理

（1）混凝土模板拆除后，立即用钢丝刷将表面打毛，并在抹灰前用水冲洗干净。

（2）当遇有混凝土基层表面凹凸不平，有蜂窝、孔洞等现象时，应根据不同情况分别进行处理。

当凹凸不平处的深度大于 10 毫米时，应先用凿子剔成斜坡，并用钢丝刷将表面刷毛后冲洗干净，抹素灰 2 毫米，再抹砂浆找平层，抹后将砂浆表面横向扫成毛面：如深度较大时，待砂浆凝固后（一般间隔 12 小时）再抹素灰 2 毫米，再用砂浆抹至与混凝土平面平齐为止。

当基层表面有蜂窝、孔洞时，应先用凿子将松散石去除掉，将孔洞四周边缘剔成斜坡，用水冲洗干净，然后用 2 毫米素灰、10 毫米水泥砂浆交替抹压，直至与基层平齐为止，并将最后一层砂浆表面横向扫成毛面。待砂浆凝固后，再与混凝土表面一起做好防水层。当蜂窝、麻面不深，且碎石黏结较牢固，则需用水冲洗干净，再用 1∶1 水泥砂浆用力压实抹平后，将砂浆表面扫毛即可。

（3）砌块基层处理需将表面残留的灰浆等污物清除干净，并用水冲洗。

（4）在基层处理完后，应浇水充分浸润。

2. 四层抹面

户用沼气池刚性防渗层一般用四层抹面法施工，操作要求（表 3－4）和技术要点如下：

表 3－4　沼气池四层抹面法施工要求

层次	水灰比	操作要求	作用
第一层	0.4～0.5	用稠素浆涂刷全池	结合层
第二层　水泥砂浆层厚 10 毫米	0.4～0.5 水泥：砂＝1：3	1. 在素灰初凝时进行，即当素灰干燥到用手指能按入水泥浆层 1/4～1/2 时进行，要使水泥砂浆薄薄压入素灰层约 1/4，以使第一、第二层结合牢固； 2. 水泥砂浆初凝前，用木抹子将表面抹平、压实	起骨架和保护素灰作用
第三层　水泥砂浆层厚 4～5 毫米	0.4～0.45 水泥：砂＝1：2	操作方法同第二层。水分蒸发过程中，分次用木抹子压 1～2 遍，以增加密实性，最后再压光	起骨架和防水作用
第四层　素灰层厚 2 毫米	0.37～0.4	1. 分两次用铁抹子往返用力刮抹，先刮抹 1 毫米厚素灰作为结合层，使素灰填实基层孔隙，以增加防水层的黏结力，随后再刮抹 1 毫米的素灰，厚度要均匀。每次刮抹素灰后，都应用橡胶皮或塑料布搓磨适时收水； 2. 用湿毛巾或排笔蘸水泥浆在素灰层表面依次均匀水平涂刷一遍，以堵塞和填平毛细孔道，增加不透水性，最后刷素灰 1～2 遍，形成密封层	起防水和密封作用

（1）施工时，务必做到分层交替抹压密实，以使每层的毛细孔道大部分切断，使残留的少量毛细孔无法形成连通的渗水孔网，保证防水层具有较高的抗渗防水功能。

（2）施工时，应注意素灰层与砂浆层应在同一天内完成。即防水层的前两层基本上连续操作，后两层连续操作，切勿抹完素灰后放置时间过长或次日再抹水泥砂浆。

（3）素灰层要薄而均匀，不宜过厚，否则造成堆积，反而降低黏结强度且容易起壳。抹面后不宜干撒水泥粉，以免素灰层厚薄不均影响黏结。

（4）用木抹子来回用力揉压水泥砂浆，使其渗入素灰层。如果揉压不透，则影响两层之间的黏结。在揉压和抹平砂浆的过程中，严禁加水，否则砂浆干湿不一，容易开裂。

（5）水泥砂浆初凝前，待收水 70%（即用手指按压上去有少许水润出现而不易压成手迹）时，进行收压，收压不宜过早，但也不能迟于初凝。

3. 涂料施工

基础密封层完成后，用密封涂料涂刷池体内表面，使之形成一层连续性均匀的薄膜，从而堵塞和封闭混凝土和砂浆表层的孔隙和细小裂缝，防止漏气发生。涂料性能要求具有弹塑性好，无毒性，耐酸碱，与潮湿基层黏结力强，延伸性好，耐久性好，且可涂刷。沼气池密封剂的使用方法为：将半固体的密封剂整袋放入开水中加热 10～20 分钟，完全溶化后，剪开袋口，倒进适当的容器中加 5～6 倍水稀释；按溶液：水泥 =1：5 的比例将水泥与溶液混合，再加适量水，配成溶剂浆（灰水比例 1：0.6 左右），按要求进行全池涂刷；第一遍涂刷层初凝后，用相同方法池底和池墙部分再涂刷 1～2 遍，池顶部分再涂刷 2～3 遍；涂刷时，要水平垂直交替涂刷，不能漏刷。

（二）相关知识

沼气池密封涂料中的聚合物主要分为两类：第Ⅰ类为醋酸乙烯、聚醋乙烯树脂、聚乙烯等；第Ⅱ类为丙烯酸、丙烯酸酯等。

四、池体质量检验

现浇混凝土池体质量检验同砖混组合沼气池质量检验。

第四章　沼气管路与设备安装

第一节　管材与用具选择

一、管径、材质和用具选择

（一）管径选择

沼气输气管内径的选择主要依据沼气池到用气点的距离和管路拐弯多少来确定。

具体步骤如下：

（1）丈量沼气池到用气点的折线距离。

（2）按表4－1选择输气管内径。

表4－1　输气管内径的选择

池型	灶具类型	距离（米）	管内径（毫米）	
			软管	硬管
水压式	单灶	<20	8	10
		20～30	10	15
	双灶	<20	12	18
		20～30	14	18
浮罩式	单灶	<20	14	15
		20～30	16	18
	双灶	<20	16	18
		20～30	16	18

（3）选择与路径相配套的开关、弯头、直接头和三通等管件。

（二）输气管材选择

1. 技术要求

①能承受沼气工作压力；②管壁要均匀一致；③管材内壁光滑，耐腐蚀，耐老化；④管材与管材、管材与管件连接方便。

2. 选择方法

综合考虑经济因素进行管材选择，在经济条件较好的地区，可选择硬塑料（PVC）、PP-R、PE 管材。选择时考虑下列因素：①管材管件价格；②安装是否方便、美观；③使用年限；④维修更换方便。

（三）用具选择

1. 灶具选择

我国目前常用的沼气灶具种类有：高档不锈钢脉冲及压电点火双灶、单灶；人工、电子点火节能防风灶；人工、电子点火四型灶。

使用沼气灶具时，必须考虑以下几点：

（1）正确安装压力表位置。压力表应安装在开关与沼气燃具之间的管路上（图 4－1）。这样，开关开大，压力上升，开关关小，压力下降，便于看压力表，掌握灶具的工作情况。

（2）使用时，要尽可能的控制灶具的使用压力，使其在设计压力左右（小于设计压力不限），特别不宜过分超压运行，以免火太大跑出锅外，浪费沼气。

（3）正常工作时，风门（一次空气）要开足。除脱火，回火及个别情况需要暂关小风门之外，其余时间均应开足风门，否则会形成扩散燃烧。

（4）将铸铁沼气具放在灶膛内使用时，锅底至火孔的距离，应与原锅底架平面至火孔的距离一致，过高或过低，都将影响热能的利用。

2. 灯具选择

目前，我国生产的沼气灯品牌较多，有人工点火和脉冲点火两种。要选购符合“技术标准”的，通过技术鉴定，质量优良的沼气灯具。

有了优良灯具，还应考虑以下几点才能达到良好的效果。

(1) 新灯使用前，应在不安纱罩的情况下进行试烧。如果火苗呈蓝色，短而有力，均匀地从泥头小孔中喷出，且伴有刷刷的气流声，燃烧稳定，无脱火、回火等现象，说明该灯性能良好，可安上纱罩使用。

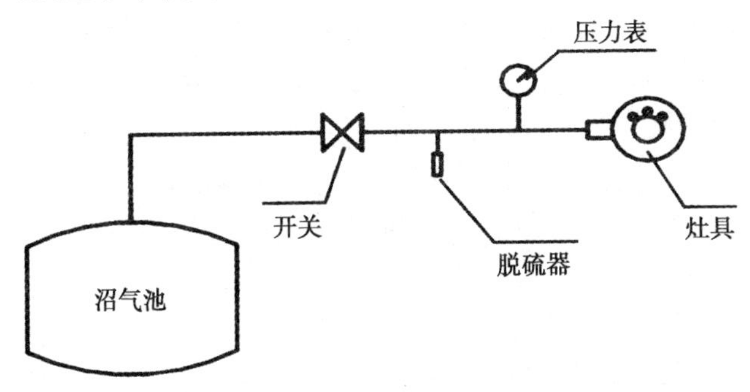

图4-1　压力表安装位置图

(2) 新纱罩初次点燃时，压力应稍高（即大于正常使用压力），以便足够的气量将纱泡吹圆成型。已燃烧纱罩的旧灯，则启动时压力应徐徐上升，以免冲破纱罩。

(3) 点灯应先点火后开气。待压力升至一定高度、燃烧稳定亮度正常后，为节省沼气，可稍降低压力，但亮度仍可不变。

(4) 点灯时，若久不发亮，可调整一次空气，用嘴轻吹纱罩，可使燃烧正常，灯发亮。

二、注意事项

(1) 塑料管在氧及紫外线的作用下易老化。在热加工时，会产生热老化、热分解。因此，不应架空铺设。

（2）塑料管对温度变化极为敏感，温度升高时塑料弹性增加，刚性下降、制品尺寸稳定性差，而温度过低材料变硬、变脆又易开裂。

（3）塑料管比金属管机械强度低，一般只用于低压，高密度聚乙烯管最高使用压力为 4×10^5 帕。

（4）如果燃气中冷凝液较多，由于塑料管刚度差，如管基下沉，易造成管线变形和局部堵塞。

（5）聚乙烯、聚丙烯管是非极性材料，易带静电；埋地管线查找困难，用在地面上作标记的方法不够方便。

（6）聚丙烯管比聚乙烯管表面硬度高，耐磨性能较差，热稳定性差。它的脆化点在 -10 ~ 72℃，比聚乙烯（-70℃）高。因此，其脆性较大。又因为聚丙烯极易燃烧，因此，不宜用于寒冷地区，也不宜安装在室内。

第二节　管路与用具安装

一、输气管路安装

（一）输气管路安装方法

目前，塑料管道有两种安装方式：一种是架空或沿墙敷设，长江流域以南地区常用；另一种是把管子埋在地下，北方地区常用。架空或沿墙敷设比较简单，把管子埋在地下的敷设方式，可以延长塑料管的使用寿命。

1. 软塑料管道安装方法

（1）从池子中出来的沼气，带有一定水分和温度。沿墙敷设或埋地敷设都要保证管道有 0.01 的坡度，坡向沼气池。这样管子里有了积水就会自动流入池子里。

（2）如果塑料管是架空穿过庭院，最好拉紧一根粗铁丝，两头固定在墙或其他支撑物上，将塑料管用钩钉或塑料绳每隔1~2米与粗铁丝箍紧，避免塑料管下垂成凹形而积水。

（3）管子经过墙角拐弯时，不要打死弯使管子折瘪。

（4）管子走向要合理。长度越短越好，多余的管子要剪下来，不要盘成几圈挂在钉子上，这会集水和增加压力的损失。

2. 硬塑料管道安装方法

聚氯乙烯或聚乙烯（PVC）硬塑料管道的安装技术如下：

（1）一般采用室外地下挖沟敷设，室内沿墙敷设。室外管道埋深为30厘米，寒冷地区应在冰冻线以下，或覆盖秸草保温防冻，管外最好用砖砌成沟槽保护；室内输气管道沿墙敷设，用固定扣固定在墙壁上，与电线相距20厘米以上，不得与电线交叉。

（2）管道布线要尽可能短（近）、直。布线时，最好使管道的坡度和地形相适应。在管道的最低点安装凝水器或自动排水器。如果地形平坦，应使室外管道坡向沼气池，坡度为0.01左右。

（3）硬塑料管道一般采用承插式胶黏连接。在用涂料胶黏剂前，检查管子和管件的质量及承插配合。如插入困难，可先在开水中使承口胀大，不得使用锉刀或砂纸加工承接表面或用明火烘烤。涂敷黏剂的表面必须清洁、干燥，否则影响黏接质量。

（4）胶黏剂，一般用漆刷或毛笔顺次均匀涂抹，先涂管件承口内壁，后涂插口外表。涂层应薄而均匀，勿留空隙，一经涂胶，即应承插连接。注意插口必须对正插入承口，防止歪斜引起局部胶黏剂被刮掉产生漏气通道。插入时，必须按要求勿松动，切忌转动插入。插入后，以承口端面四周有少量胶黏剂溢出为佳。管子接好后不得转动，在通常操作温度（5℃以上）10分钟后，才能移动。雨天不得进行室外管道连接。

全部输气管道安装完毕后，应进行气密性和压力损失试验。

检查后，才可交付使用。

（二）相关知识

输气管路气密性试验。沼气管道系统的气密性试验一般先试压池体，也可提前试压（试验系统见图 4-2）。沼气池池体试压合格后，将开关 1 打开，关闭开关 2 和开关 3，往管道系统内送气，待压力升至 10×10^3 帕后停止送气并密封，4 小时后，压力不低于 200 帕为合格。

气密性试验不合格，可用肥皂水涂抹在接头和管件处检漏，发现漏点，应补漏直至气密性试验合格。

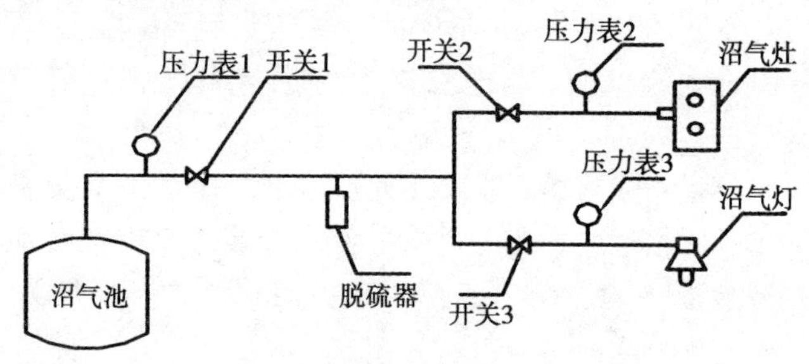

图 4-2　沼气输气系统气密性试验示意图

（三）注意事项

（1）沼气管道系统设计应尽可能的直和近，以减少管道的压力损失。

（2）管道的最低处应安装疏水器，管道坡度不低于 0.1%，分别坡向疏水器和沼气池。

（3）尽可能少安装阀门等管件，以减少局部压力。一般农村家用沼气输气系统可安装一个总开关和各用具控制开关。

（4）沼气输气管道安装前，应对所有管材和附件进行气密性试验。即将要检验的管材和附件充气至压力为 10×10^3 帕，放入水中，不冒气泡为合格。

（5）所有管道的接头要连接牢固严密，防止松动和漏气。

（6）架空管道高度应大于2.5米，并用管卡或管架固定。

（7）埋地管的埋设深度应在冻土层以下，最低不得低于0.4米。当沼气管道穿越重要道路和桥梁时，应加套管保护，防止沼气漏泄。软塑料管埋地铺设应加外硬质套管（钢管、塑料管、竹管等）或砖砌沟槽，防止压偏。

二、沼气灶具安装

（一）家用沼气灶的安装

（1）灶具应安装在专用厨房内，房间高度不应低于2.2米，当有热水器时，高度应不低于2.6米。房间应有良好的自然通风和采光条件。

（2）灶背面与墙净距不小于100毫米，侧面不小于250毫米；若墙面为易燃材料时，必须加设隔热防火层，其尺寸应比灶面长及高度大800毫米。

（3）在一个厨房内安装两台灶具时，其间距应不小于400毫米。

（4）灶台高度一般为600毫米左右，台面应用非燃材料。

（5）家用灶如用塑料管连接必须采用管箍。

（6）家用沼气灶前，必须安装可靠的脱硫器，以确保打火率和延长灶具的使用寿命。

（二）相关知识

提高燃烧效果的几种方法：

1. 用开关来控制灶前压力　大多数水压式沼气池的特点是，产气时池压升高，用气时池压降低。池压的变化使得用气的整个过程中，灶前压力都在波动。这就要用开关来控制。一般来说，使用压力高于灶具的设计压力，热效率就低。

2. 学会使用调风板　沼气燃烧时需5～6倍的空气。沼气的热值会随着池内加料的种类、时间和温度不同而起变化。调风板就是为了适应这种不断变化的状况而设计的。根据沼气成分和压力变化的情况，使用调风板调节进风量大小，以便使沼气完全燃烧，从而获得比较高的热效率。

调风板开得太大，空气过多，火焰根部容易离开火焰孔。这会降低火焰的温度。同时，过多的烟气又会带走一部分热量，因此热效率下降。不少农户，习惯使用烧柴时所见到的长火焰，以为这种火焰最旺，于是往往把调风板开得很大。实际上这种火的温度很低，还会产生过量的一氧化碳，对人体也有害。

3. 加铁锅圈 把灶具放在灶台上使用，可以在锅的外面加一个铁锅圈。这不但能防止风把火吹灭，也能够提高热的利用率。

4. 合理用火 用大锅的时候，可以把火点旺一些；用小锅的时候，就要把火调小一些。这是由于灶具的热量大，小锅底受热面积小，沼气燃烧所放出的热量不能完全被锅底吸收。因此热效率低。

（三）注意事项

（1）使用前仔细阅读灶具使用说明书，了解灶具的结构、性能、操作步骤和常见事故的处理方法。

（2）点火时如用火柴，应先将火种放至外侧火孔边缘，然后打开阀门。如用自动点火，将燃料阀向里推，反时针方向旋转，在开启旋塞阀的同时，带动打火机构，当听到“叭”的一声时，击锤撞击压电陶瓷，发出火花，将点火燃烧器点燃。整个过程需1~2秒。

火焰的大小靠燃气阀来调节。有的灶具旋塞旋转90°时火势最大，再转90°则是一个稳定的小火。使用小火时，应注意过堂风或抽油烟机将火吹灭。

（3）首次使用家用灶时，如果出现点不着火或严重脱火现象，说明管内有空气。此时，应打开厨房门窗，在瞬间放掉管内的空气，即可点燃。

（4）注意防止杂物掉入火孔，烧开水时，注意防止开水溢出，将火熄灭。

（5）使用时突然发生漏气、跑火时，应立即关闭灶具阀门和灶前管路阀门，然后请维修员检修。

（6）灶具较长时间不用时，要将灶前管路阀门关断，以保安全。

三、沼气灯的安装

（一）沼气灯的安装方法

（1）在安装前应检查沼气灯的全部配件是否齐全，有无损伤。

（2）沼气灯一般采用聚氯乙烯软管连接，管路走向不宜过长，不要盘卷，用管卡将管路定在墙上，软管与灯的喷嘴连接处也应用固定卡或铁丝捆扎牢固，以防漏气或脱落。

（3）吊灯光源中心距顶棚的高度以 750 毫米为宜，距室内地平面为 2 米，距电线、烟囱为 1 米。民用吊灯的高度最好可以调节。

（4）为使沼气灯获得较好照明效果，室内天花板、墙壁应尽量采用白色或黄色。

（5）安装完毕后，应用沼气在 9 800帕的压力下进行气密性试验，持续 1 分钟，压力计数不应下降。

（二）相关知识

沼气灯发光原理。沼气灯是由喷嘴、引射器、泥头、纱罩、玻璃灯罩、反光罩等组成。沼气灯的燃烧属于无焰燃烧。当沼气从较小的喷嘴以较高的压力喷出时，引射了燃烧所需要的全部空气，在混管内进行充分的混合，然后从泥头上的许多小孔流出，燃烧时，只见极短的、清晰的蓝色火焰。如果在泥头上套有预先浸有硝酸钍溶液的纱罩，它在高温下氧化成氧化钍，从而产生强烈的白光。

（三）注意事项

（1）用户在使用沼气灯前，应认真阅读产品安装使用说明，检查灯具内有无灰尘、污垢堵塞喷嘴及泥头火孔。检查喷嘴与引射器装配后是否同心，定位后是否固定。对常用的低压灯采用稀网 150 支光或 200 支光纱罩，高压灯用 150 支光纱罩，同时，纱罩不应受潮。

（2）对新购的灯具，在未安装纱罩前，应先进行通气试烧。若火焰呈蓝色，短而有力、燃烧稳定，无脱火、回火现象，说明该灯具性能良好。

（3）安装纱罩时，应牢固套在泥头槽内，将石棉丝绕扎两圈以上，打结扎牢后，剪去多余线头，然后将纱罩的皱褶拉直、分布均匀。

（4）初次点燃新纱罩时，应将沼气压力适当提高，以便将纱罩吹起，成型过程中纱罩从黑变白，此时，可用工具将纱罩撑圆。在点燃过程中，如火焰飘荡无力，灯光发红，可调节一次空气，并向纱罩均匀吹气，促使其正常燃烧，当发出白光后，稳定 2～3 分钟，关小进气阀门；调节一次空气，使灯具达到最佳亮度。

（5）日常使用时，调节旋塞阀开度，达到沼气灯的额定压力，如超压使用，易造成纱罩及玻璃罩的破裂。

（6）定期清洗沼气旋塞，并涂以密封油，以防旋塞漏气。

（7）注意经常擦拭灯具上的反光罩、玻璃罩，并保持墙面及天花板的清洁，以减少光的损耗，保持灯具原有的发光效率。

四、沼气热水器的安装

（一）沼气热水器的安装

（1）直接排气式热水器严禁安装在浴室里，可以安装在通风良好的厨房或单独的房间内。

（2）安装热水器的房间高度应大于2.5米。房间必须有进气孔和排气孔，其有效面积不应小于0.03平方米，最好有排风扇。房间的门应与卧室和有人活动的门厅、会客厅隔开，朝室外的门窗应向外开。

（3）热水器的安装位置应符合下列要求：

①热水器应安装在操作检修方便、不易被碰撞的地方。

②热水器的安装高度以热水器的观火孔与人眼高度相齐为宜，一般距地面1.5米。

③热水器应安装在耐火墙壁上，外壳距墙净距不得小于20毫米，如果安装在非耐火的墙壁上时，就垫以隔热板，每边超出热水器外壳尺寸100毫米。

④热水器的供气、供水管道宜采用金属管道连接，如用软管连接时，应采用耐油管。供水采用耐压管。软管长度不大于2米，软管与接头应用卡箍固定。

⑤直接排气式热水器的排烟口与房间顶棚的距离不得小于600毫米；与燃气表、灶的水平净距不小于300毫米；与电器设备的水平净距应大于300毫米。

⑥热水器的上部不得有电力明线、电器设备和易燃物。

（4）烟道式热水器如放在浴室内，其面积必须大于7.5平方米，下部应有不小于0.03平方米的百叶窗，或门距地面留有不小于30毫米的间隙。

（5）烟道式热水器的自然排烟装置应符合下列要求：

①应设置单独烟道，如用共用烟道时，其排烟能力和抽力应

满足要求。

②热水器的防风排烟罩上部，应有不小于0.25米的垂直上升烟气导管，导管直径不得小于热水器排烟口的直径。

③烟道应有足够的抽力和排烟能力，防风排烟罩出口处的抽力（真空度）不得小于3帕。

④热水器的烟道上不得设置闸板，水平烟道总长不得超过3米，应有1%的坡向热水器的坡度。

⑤烟囱出口的排烟温度不得低于露点温度，烟囱出口设置风帽的高度应高出建筑物的正压区或高出建筑物0.5米，并应防止雨雪流入。

（二）注意事项

（1）使用前仔细阅读使用说明书，并按其他规定的程序操作：在首次使用时，打开冷水阀及热水阀，让水从热水出口流出，确认水路畅通后，再关闭后制式的热水阀，打开气源阀，然后再点火启动。

（2）点火和启动。将燃气阀向里推压，反时针方向旋转，出现电火花和听到“啪啪”声，电火花将明火点燃，在“点火”位置停留10~20秒后再松开，常明火需对熄火保护装置的热电偶加热，一定时间后电磁阀才能打开，当手松开后，如果常明火熄灭，应重复上述动作。常明点燃后，继续将燃气阀反时针旋转至有“大火”标记处，热水器便处于待工作状态。打开水阀，主燃烧器即自动点燃，热水器便开始工作。

（3）水温调节。水温调节阀上标有数字，数字大表示水温高，同时，可用燃气阀开度大小作为水温调节的补充。

（4）关闭和熄火。关闭水阀，主燃烧器熄灭，常明火仍点燃；再次使用，将水阀打开，热水器又开始运行。长时间不用，应将燃气阀关闭，这时常明火也熄灭。

（5）点火前切记要将水阀关闭，不得一面放水，一面点火，以防点火爆炸。

（6）热水器在低于0℃以下房间使用，用后应立即关闭供水阀，打开热水阀，将热水器内的水全部排掉，以防冻结损坏。

（7）连续使用热水器时，关闭热水阀后，瞬间水温会升高，随即继续使用要防止过热烫伤。

（8）热水器两侧进气孔不得堵塞，排气口不得用毛巾遮盖。热水器点着后不应远离现场。

（9）热水器在使用过程中如被风吹灭，在1分钟内燃烧器安全装置会将燃气供应切断，重新点火需在15分钟之后。

（10）在使用热水器过程中，若发现热水阀关闭后，而主燃烧器仍不熄火，应立即关闭燃阀，并报管理部门检修。

（11）电脉冲点火装置的电源是干电池，当不能产生电火花无法点燃燃气时，应及时更换。

（12）使用热水器的房间应注意通风和换气。

第五章　沼气池启动

第一节　启动准备

启动原料和接种物的准备是户用沼气池发酵启动的基础工作，包括启动原料收集、预发酵、接种物采集与处理等工序。

一、启动原料收集与处理

（一）操作步骤

1. 收集优质启动原料

沼气发酵原料既是生产沼气的物质基础，又是沼气微生物赖以生存的营养物质来源。为了保证沼气池启动和发酵有充足而稳定的发酵原料，使池内发酵原料既不结壳，又易进易出，达到管理方便、产气率高的目的，要按照沼气微生物的营养需要和发酵特性，收集和选择启动原料。

各种有机物质，如人畜禽粪尿、作物秸秆、农副产品加工的废水剩渣及生活污水等，都可作为沼气发酵原料。沼气发酵微生物主要从发酵原料中吸取碳元素和氮元素，以及氢、硫、磷等营养元素。碳为沼气微生物提供能量，氮构成细胞，沼气发酵最适宜的碳氮比为 20～30：1。如原料中碳元素过多，则氮元素被微生物利用后，剩下过多的碳元素，造成有机酸的大量积累，不利于沼气池的顺利启动。

在农村常用的沼气发酵原料中，牛粪的碳氮比为 25：1，马粪的碳氮比为 24：1，羊粪的碳氮比为 29：1。从沼气发酵原料的营养角度看，是比较适宜的启动原料。因此，农村户用沼气池启动，应收集和选择牛粪、马粪和羊粪。

2. 预处理启动原料

农村户用沼气池用于启动的第一池发酵原料，除了应尽量采用碳氮比适宜的纯净牛粪、马粪、羊粪，或2/3的猪粪加1/3的牛、马粪外，在投料之前，还应进行堆沤处理。堆沤时，应在收集到的启动原料堆上泼水，保持湿润，并加盖塑料薄膜密封，以利于聚集热量和富集菌种。堆沤时间根据季节变化进行调节，夏天堆沤2～4天，冬天堆沤1周左右，使堆沤原料温度升高到40～50℃，颜色变成深褐黑色后，方可入池。

如果畜禽粪便原料不足，需要搭配秸秆等纤维性原料时，在纤维性原料进池发酵之前，应进行预处理。常用的预处理方法如下：

（1）切碎或粗粉碎。将秸秆等纤维性原料用铡刀切成50毫米左右长短，或进行粉碎。这样不仅可以破坏秸秆表面的蜡质层，增加发酵原料与细菌的接触面，加快原料的分解利用，同时，也便于进出料和施肥时的操作。经过切碎或粗粉碎的秸秆下池发酵，一般可提高20%左右的产气量。

（2）堆沤处理。堆沤处理是先将秸秆等纤维性原料进行兼氧发酵，然后再将堆沤过的秸秆入池进行厌氧发酵。秸秆经过堆沤后，可以使纤维素变松散，扩大纤维素与细菌的接触面，加快纤维的分解和沼气发酵过程的进行；通过堆沤，还可以破坏秸秆表面的蜡质层，增加秸秆的含水量，下池后不易浮料结壳；在堆沤过程中，能产生70℃以上的高温，有利于提高料温，而且堆沤后，秸秆体积缩小，其中的空气大部分被排除，有利于厌氧发酵。堆沤的方法分池外堆沤和池内堆沤两种。

①池外堆沤。先将作物秸秆铡碎，起堆时分层加入占干料重1%～2%的石灰或草木灰，用于破坏秸秆表层的蜡质，并中和堆沤中产生的有机酸。然后再分层泼一些人畜粪尿或沼液，加水量

以料堆下部不流水，而秸秆充分湿润为度。在料堆上覆盖塑料薄膜或糊一层稀泥。堆沤时间为夏季4～5天，冬季8～10天。当堆内发热烫手时（50～60℃），要立即翻堆，把堆外的翻入堆内，并补充些水分，再堆沤一定时间。待大部分秸秆颜色呈棕色或褐色时，即可入池发酵。

②池内堆沤。池内堆沤比池外堆沤的能量和养分损失要少一些，而且可以利用堆沤时产生的热量来增加池温，加快启动，提前产气。新池进料前，应先将沼气池里试压的水抽出，老池大换料时，也要把发酵液基本取出，只留下菌种部分。然后按配料比例配料，可以在池外搅拌均匀后装入沼气池，也可将粪、草分层，一层一层地交替均匀地装入池内。要求草料充分湿润，但池底基本不积水。料装好后，将活动盖口用塑料薄膜封好，当发酵原料的料温上升到50℃时（打开活动盖口塑料薄膜时有水蒸气可见），再加水至零压水位线。封好活动盖。

（二）注意事项

（1）在接种物数量不足的情况下，忌用鸡粪和人粪启动沼气池。

（2）秸秆等纤维性富碳原料用作启动原料时，一定要进行粉碎和预处理。

（3）不能用含泥量过高、失水干结、堆沤时间过长、失去营养成分的畜禽粪便作原料。

二、接种物采集与处理

（一）操作步骤

1. 采集接种物

为了加快沼气发酵的启动速度和提高沼气池产气量而向沼气池中加入富含沼气微生物的物质，统称为接种物，它的作用就像人们蒸馒头要用老面来发酵一样。

从前，由于没有纯产甲烷菌可利用，所以，在沼气的制取过程中，一般均采用自然界的活性污泥作接种物。例如，城市污水处理厂的污泥，池塘底部的污泥，粪坑底部的沉渣等，都含有大量的沼气微生物，特别是屠宰场、食品加工厂和酿造厂的下水污泥等，由于有机物含量多，是良好的接种物。在农村，来源较广、取用最方便的接种物是沼渣和沼液。启动农村户用沼气池，首先应选正常产气沼气池的沼渣或沼液作接种物；其次，如果是新的沼气发展地区，没有正常产气沼气池可供利用，则可选择粪坑、屠宰场、豆腐加工厂、食品加工厂和酿造厂的下水污泥作接种物。

2. 处理接种物

如果采集的接种物是正常产气沼气池的沼渣或沼液，可不作处理，直接加入沼气池用于启动。如果采集的接种物是粪坑、屠宰场、豆腐加工厂、食品加工厂和酿造厂的下水污泥，应将污泥加水搅拌均匀，过滤泥砂、石块和杂质后，再加入沼气池用于启动。

（二）注意事项

（1）新池启动一定要加入10%～30%的接种物，接种物越多，启动越顺利，产气越快，沼气中甲烷含量越高。

（2）接种物含泥砂和杂质时，要进行过滤。

（3）选择的接种物尽量和原料的种类一致。

第二节 投料启动

一、操作步骤

（一）配料

农村户用沼气池启动配料比例为：接种物：原料：水＝1：

2∶5。以8立方米的沼气池为例，接种物为0.8立方米左右，原料为1.8立方米左右，水为5立方米左右（图5-1）。将收集的接种物和原料处理后，按以上比例，投入沼气池。

（二）加水

新池启动，加入池内的水占去大部分池容。因此，水的质量好坏、温度高低对启动快慢影响很大。启动时，当发酵原料进完后，最好能从正常产气的沼气池水压间中取200~400千克富含菌种的沼液加入，再找水茅坑或污水坑中的发泡污水，加至距天窗口400~500毫米处。除了注意加入水的质量外，还应尽量想办法加入温度较高的水。启动用水，温度应尽可能控制在20℃以上。例如，夏季可采用晒热的污水坑或池塘的水等，避免将从井里抽出来的10℃左右的冷水直接加入池内。因为沼气池结构如同保温瓶，加入冷水，要靠外部热量提高其温度是比较困难的。沼气池一旦处于"冷浸"状态，要改变其状态，需要经过很长的时间。

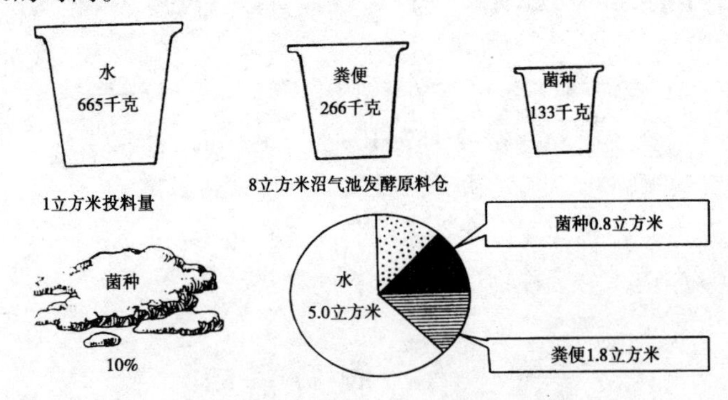

图5-1 户用沼气池启动配料比例示意图

在沼气池启动和发酵中，加入多少原料和水，直接影响到料液浓度。沼气池最适宜的发酵浓度，随季节不同（即发酵温度不同）而变化。一般浓度范围为6%~12%，夏季浓度以6%~

8%为宜，低温季节以10%～12%为宜。进料量过少，有效物质少，不易启动且产气时间短；进料量过多，不利于沼气细菌的活动，原料不易分解，产气慢而少。合适的启动进料量应根据沼气池发酵启动的有效容积、发酵原料的品种及含水量（或干物质含量）、启动所采用的浓度等进行计算。

（三）测pH值

给沼气池投入原料和接种物，加入20℃左右的温水至零压面（距天窗口400～500毫米），在封闭活动盖之前，要用pH试纸检测启动料液的酸碱度。当启动料液的pH为6.5～7.5时，即可封闭沼气池活动盖（图5－2）。

图5－2　沼气池料液pH检测

甲烷菌适宜在中性或微碱性的环境中生长繁殖。池中发酵液的酸碱度（也就是pH值）以6.5～7.5为宜，过酸（pH <6.0）或过碱（pH >8.0）都不利于原料发酵和沼气的产生。一个启动正常的沼气池一般不需调节pH值，靠其自动调节就可达到平衡。

沼气发酵启动过程中，一旦发生酸化现象，往往表现为所产气体长期不能点燃或产气量迅速下降，甚至完全停止产气，发酵液的颜色变黄。为了加速pH值自然调节作用，可向沼气池加入老沼气池中的发酵液，也可加入草木灰或石灰水调节，使pH调节到6.5以上，以达到正常产气的目的。

（四）封池

农村户用沼气池一般用石灰胶泥密封活动盖，要选择黏性大的黏土和石灰粉做的密封材料，先将干黏土锤碎，筛去粗粒和杂物，按3~5∶1的配比（重量比）与石灰粉干拌均匀后加水拌和，揉搓成为硬面团状，即可作为封池胶泥使用。

1. 用镇压盖封池。封盖前，先用扫帚扫去粘在蓄水圈、活动盖底及周围边上的泥砂杂物，再用水冲洗，使蓄水圈、活动盖表面洁净，以利黏结。清洗完后，将揉好的石灰胶泥，均匀地铺在活动盖边上，再把活动盖坐在胶泥上，注意活动盖与蓄水圈之间的间隙要均匀，用脚踏紧，使之紧密结合。然后插上插销，将水灌入蓄水圈内，养护1~2天即可（图5-3）。

2. 用反提盖封池。所谓反提盖，就是与镇压盖相反，用楔型椭圆盖板，从池口里向池口外拉紧密封。封盖材料与镇压盖相同。这种密封方法的特点是：封池后随着沼气池内压力的增加，密封盖板会越压越紧。

（五）放气试火

沼气池发酵启动初期，所产生的气体主要是二氧化碳，同时封池时，气箱内还有一定量的空气，因而气体中的甲烷含量低，通常不能燃烧。当沼气压力表上的水柱达到400毫米水柱时，应放气试火。放气1~2次后，所产气体中的甲烷含量达到30%以上时，所产生的沼气可以点燃使用。

二、注意事项

（1）沼气池要低负荷（6%以下的浓度）启动，等产气正常后，再逐步加大负荷，直到设计的额定运行负荷。

（2）沼气池启动，由于加入池内的水量较大，大约占沼气池有效容积的5/8，因此，启动水温对沼气池能否顺利启动影响

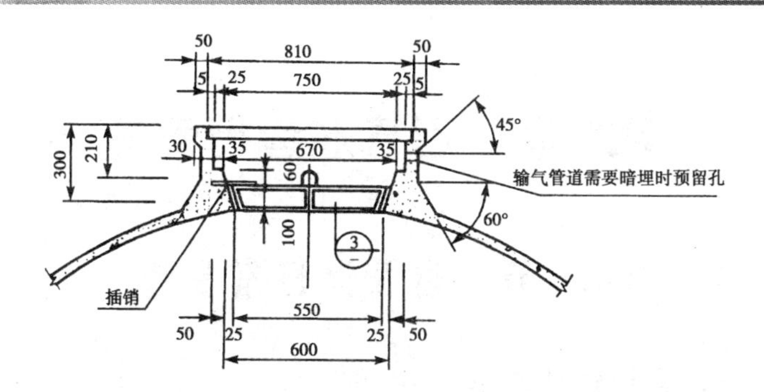

图 5－3　沼气活动盖密封示意图（单位：mm）

很大。一般启动水温应控制在 20℃ 以上，如果要在秋冬季节启动沼气池，除了要加入 30% 左右的优质活性污泥和经过充分堆沤的优质原料外，加入池内的启动水温一般应控制在 35℃ 以上。

（3）要使活动盖密封不漏气，天窗口和活动盖的施工一定要认真、规范。活动盖的厚度不低于 100 毫米，斜角不能过大。

（4）密封活动盖的胶泥要用石灰胶泥，不能太硬，也不能太软，要能填充活动盖与天窗口之间的缝隙。活动盖上的蓄水圈要经常加水，以防密封胶泥干裂，出现漏气。

第六章　沼气池运行管理

第一节　沼气池日常管理

一、运行管理方法

户用沼气池装入原料和菌种，启动使用后，加强日常管理，控制好发酵过程条件，是提高产气量的重要技术措施。要使自家的沼气池经久不衰地产气好、产气旺，必须把沼气池当作有生命的生物体看待，不能当作垃圾坑，什么东西都往里倾倒。应按照沼气微生物生长繁殖规律，加强沼气池的科学管理。

（一）加强沼气池的吐故纳新

加入沼气池的发酵原料，经沼气细菌发酵分解，逐渐地被消耗或转化，如果不及时补充新鲜原料，沼气细菌就会“吃不饱”、“吃不好”，产气量就会下降。为了保证沼气细菌有充足的食物，并进行正常的新陈代谢，使产气正常而持久，就要不断地补充新鲜原料，做到勤进料，勤出料。

根据一般家庭日常用气量和常用沼气发酵原料的产气量，户用沼气池正常启动使用2～3个月后，每天应保持20千克左右的新鲜畜禽粪便入池发酵。“三结合”沼气池，每天有3～6头猪或1～2头牛的粪便入池发酵即可满足需要，平时只需添加适量的水，以保持发酵原料的浓度。非“三结合”沼气池，一般每隔5～10天，应进、出占总有效容积5%的原料，也可按每立方米沼气池容积进干料3～4千克的比例加入发酵原料。同时，也要定期小出料，以保持池内一定数量的料液。

进、出料时，应先出料，后进料，做到出多少，进多少，以保持气箱容积的相对稳定。要保证剩下的料液液面不低于进料口或出料口的上沿（以两口最高一个为准），以免池内沼气从进料口或出料口跑掉。若出料后，池内的料液液面低于进料口或出料口的上沿，应及时加水，使液面达到所要求的高度。若一次补充的发酵原料不足，可加入一定数量的水，以保持原有水位，使池内沼气有一定的压力。

（二）经常搅动沼气池内的发酵原料

沼气池运行后，经常搅拌沼气池内的发酵原料，能使原料与沼气细菌充分接触，促进产沼气细菌的新陈代谢，使其迅速生长繁殖，提高产气率；可以打破上层结壳，使中、下层所产生的附着在发酵原料上的沼气，由小气泡聚积成大气泡，并上升到气箱内；可以使沼气细菌的生活环境不断更新，有利于它们获得新的养料。如不经常搅拌发酵原料，就会使其表层形成很厚的结壳，阻碍下层产生的沼气进入气箱，降低沼气池的产气量。

1. 搅拌方式　①机械搅拌。通过机械装置运转达到搅拌的目的；②气体搅拌。将沼气从池底部冲进去，产生较强的气体回流，达到搅拌目的；③液体搅拌。从沼气池的出料间将发酵液抽出，然后又从进料管冲入沼气池内，产生较强的液体回流，达到搅拌的目的。

2. 户用沼气池的搅拌方法　①长竹竿或木杆从进料口插入沼气池，每天搅拌 10 分钟左右（注意不要碰撞池壁损伤，池体）；②用粪桶从水压间提取沼液从进料口冲入，每天提冲 100 公斤左右（此法简单易行，但要注意安全）；③通过手动回流搅拌装置，每天用活塞在回流搅拌管中上下抽动 10 分钟，将发酵间的料液抽出，再回流进进料口，进行人工强制回流液搅拌；④通过小型污泥电动泵，将出料间的料液抽出，再回流进进料口，进行电动液体搅拌。

（三）保持沼气池内发酵料液适宜的浓度

料液中干物质含量的百分比为料液浓度。沼气池内发酵料液浓度，随季节的变化而要求不同，根据试验研究和实践经验证明，户用沼气池适宜的发酵原料浓度为6%～12%。一般在夏季，发酵料液浓度可以低些，要求浓度在6%左右；冬季浓度应高一些，为8%左右。发酵料液的浓度太低或太高，对产生沼气都不利。因为浓度太低时，即含水量太多，有机物相对减少，会降低沼气池单位容积中的沼气产量，不利于沼气池的充分利用；浓度太高时，即含水量太少，容易积累有机酸，不利于沼气细菌的活动，发酵料液不易分解，使沼气发酵受到阻碍，产气慢而少。

（四）随时监控沼气发酵液的酸碱度（pH）

酸碱度是指溶液中氢离子（H^+）浓度。溶液中氢离子多，呈酸性；氢离子少，则呈碱性，pH是酸碱度大小的表示单位。沼气细菌适宜在中性或微碱性的环境条件下生长繁殖，最适宜的pH范围是6.8～7.5，过酸或过碱，对沼气细菌活动都不利。这里指的pH是指沼气池内料液的pH，而不是发酵原料的pH。一般来说，当pH <6或pH >8时，沼气发酵就要受到抑制，甚至停止产气。在沼气池运行时，要根据pH来控制投料量，若投料量过多，形成冲击负荷，会造成产酸过多。一般在间断投料时，料液的pH应在7.0左右为宜。池中料液pH低于6.0以下，应大量投入接种物或重新进行启动。

户用沼气池如果不按照沼气发酵工艺条件调控，一般出现偏酸的情况较多，特别是在发酵初期，由于投入的纤维类原料多，而接种物不足，常会使酸化速度加快，大大超过甲烷化速度，造成挥发酸大量积累，使pH下降到6.5以下，抑制沼气细菌活动，使产气率下降。

发酵原料是否过酸，可用pH试纸或酸碱测试仪测定。确定原料过酸后，可用以下 3 种方法调节：

（1）取出部分发酵原料，补充相等数量或稍多一些含氮多的发酵原料和水。

（2）将人、畜粪尿拌入草木灰，一同加到沼气池内，不但可以调节 pH，而且还能提高产气率。

（3）加入适量的石灰澄清液，并与发酵液混合均匀，避免强碱对沼气细菌活性的破坏。

二、注意事项

（1）户用沼气池在日常使用中，要避免只进料不出料，形成无气室状态。

（2）户用沼气池在日常使用中，要勤搅拌，避免形成结壳和沉淀。

（3）不能一次加入过量的青草、菜叶等鲜青原料，避免产生大量的有机酸，形成酸败。

第二节　沼气池的保温

一、操作步骤

沼气池的越冬管理，用通俗的话概括就是“吃饱肚子，盖暖被子”、“池内要增温，池外要保温”。“吃饱肚子”就是在入冬前（10 月底）多出一些陈料，多进一些牛、马粪等热性原料，防止沼气池“空腹”过冬。“盖暖被子”就是入冬前，及时对沼气池进行越冬保温管理。

（一）用日光温室为沼气池保温

与日光温室相结合，建造的“四位一体”庭院沼气池系统，在入冬（10 月底）前，要及时将日光温室顶面，用塑料薄膜覆盖，进行保温越冬。

（二）用太阳能畜禽舍为沼气池保温

与太阳能畜禽舍相结合，建造的“三位一体”庭院沼气池系统，在入冬（10月底）前，要及时将太阳能畜禽舍顶面，用塑料薄膜覆盖，进行保温越冬。

（三）用简易温棚为露地沼气池保温

暂时没有建造地上畜禽舍的露地沼气池在越冬前，要在沼气池上搭建简易温棚，将沼气池覆盖在里面；或者用秸秆或塑料薄膜覆盖保温，尤其要及早做好进、出料口及水压间等和外界接触、散热量较大处的保温措施。

二、注意事项

（1）户用沼气池入冬之前，要及时将塑料薄膜覆盖在畜禽舍顶面。

（2）入冬前，要检查畜禽舍墙体是否透风、是否保温，如有问题，要提前处理。

（3）户用沼气池在冬季使用中，严禁加入冻结成冰的畜禽粪便。

第七章　沼气池故障判断、维修与维护

第一节　故障判断与排除

一、常见故障判断与排除方法

沼气池在使用过程中，会出现一些故障，如这些故障不排除，会影响用气、用肥，严重降低沼气池的使用效果。

1. 沼气池漏水、漏气的判断

在试压时（气压法或水压法），当压力表上升到一定位置后，停止加压，观察压力变化情况，若先快后慢地下降，则说明漏水；若以均匀速度下降，则说明是漏气。

漏水多数是由于建池地基选择和处理不当，以及进、出料管搭接处或与池墙结合部位密封层强度不够。当池体装水后，地基下沉，往往将进、出料管（特别是在与池墙结合处）折断而产生严重漏水；也有因砖块砌筑水压间时，没有满浆；或水泥砂浆粉抹时，没有压紧造成间隙而产生渗漏。严重漏水的沼气池容易觉察。一般池内液面下降到某一水位，不再下降，其漏水处也大致在这一水位附近。查到裂缝处，采取相应的措施（如开 V 型槽后重新粉刷等方法），加固修复即可。

漏气多数是气室的密封层没有做好，应采取用密封涂料掺水泥将气室再粉抹一次。

沼气池在使用过程中，若发现水柱向进气方向移动（移动方向相反），即出现负压，则说明沼气池漏水；若水柱移动停止或移动到一定高度不再变化（在此压力下产气速度和漏气速度持平），则说明沼气池漏气。

漏水时应将沼气池的料液出尽进行维修；漏气时有可能沼气池气室漏气或活动盖漏气或管道漏气，要逐个排除找到具体漏气部位进行维修。

2. 新沼气池装料不产气

出现这种情况，大体上有以下原因：①装料时，没有加入足够数量的接种物，池内产甲烷菌少，使沼气发酵不能进行；②加入沼气池的料液水温低于12℃以下，抑制了甲烷菌的生命活动，例如，在北方寒冷地区第一次加料时是寒冷季节，池温低，会造成长时间不产气；③沼气池的发酵液浓度过大，初始所产的乙酸导致甲烷菌不能正常消化，使挥发酸大量积累导致料液酸化。

3. 装料后产气很少且沼气燃烧不理想

这种情况多见于冬季气温低的时候。原因是：沼气池密封性不强，可能漏水或漏气；输气管道、开关等可能漏气；缺乏甲烷菌种，不可燃气体成分多；配料过浓或青草太多，使挥发酸积累过多，抑制了产甲烷菌的生长；可能是池温太低。

解决办法：新建沼气池及输气系统均应进行试压检查，必须达到质量标准，保证不漏水、不漏气才能使用；排放池内不可燃气体，添加菌种，主要是加入活性污泥或粪坑、老沼气池中的渣液，或换掉大部分料液；注意调节发酵液的pH为6.8~7.5。判断发酵液是否过酸，除用pH试纸测试外，还可根据沼气燃烧时火苗发黄、发红或者有酸味来判断。

调节pH的方法：从进料口加入适量的草木灰或适量的氨水或石灰水等碱性物质，并从出料间取出粪液倒入进料口，同时用长把粪瓢伸入进料口来回搅动。用石灰调节pH时，不能直接加入石灰，只能用石灰水。石灰水的量也不能过多，因为石灰水的浓度过大，它将和沼气池内的二氧化碳结合，而生成碳酸钙沉淀。二氧化碳的量减少过多，会影响沼气产量。

4. 压力表上升很慢

这时产气量低，一时弄不清产气少，还是漏气。这种情况可用负压测定。如第一天24小时内压力表水柱由零上升到15厘米，从导管处将输气管拔出，把沼气全部放完，在导气管处临时装一个U型压力表。从水压间取出10桶粪水，使沼气池内变成负压。如果池子有漏洞，池内沼气不会漏出来，只会把池外的空气吸进去。再过24小时，把取出的粪水如数倒入水压间内，观察压力表水柱上升高度，如果与第一次水柱高度相同，说明不漏气而是产气慢；如果比第一次高了许多（因从漏洞吸进了空气），说明池子漏气，应进行检修。同时，对输气管路也应进行检查是否漏气。如果不漏水、不漏气是属产气慢，其原因有：①发酵原料不足，浓度太低，产气少；或虽原料多，但很不新鲜，营养元素已经消化完了，使沼气细菌得不到充足的营养条件；②当池内的阻抑物浓度超过了微生物所能忍受的极限，使沼气细菌不能正常生长繁殖，这就要补充新鲜发酵原料或者要大换料了；③原料搭配不合理，粪料太少。

5. 人畜粪料前期产气旺盛随后产气逐渐减少

这是因为人畜粪被沼气细菌分解，产气早而快。新鲜人畜粪入池后有30～40天的产气高峰期。如进一次料以后不再补充新料，产气就会逐渐减少。为避免上述问题所产生，只有建“三结合”和“四结合”模式，做到畜禽舍、厕所、沼气池连通，保证每天有新鲜原料入池，达到均衡产气。与此同时，应经常出料。

6. 大换料前产气好，出料后重新装料产气不好

主要是出料时没有注意，破坏了顶口密封圈或出料后没有及时进料，引起池内壁特别是气箱干裂，或因为内外压力失去平衡而导致池子破裂造成漏水漏气，或出料前就已破裂，而被沉渣糊住而不漏，出料后便漏起来了。处理办法是：修补好破损处；进料前将池顶洗净擦干，刷纯水泥浆 2 ~ 3 遍；大出料以后，要及时进料，以防池子干裂并保持池内外压力平衡。在地下水位高的地方，雨季不要大换料。

7. 开始产气很好，三四个月后明显下降

主要是池内发酵原料已结壳，沼气很难进入气箱，而从出料口翻出去。主要原因是加了部分草料造成的，一般利用纯人畜粪很少出现此种情况。解决办法是进行破壳，安装抽粪器，经常进行强回流搅拌。

8. 气量明显下降或陡然没有气

这是因为开关或管路接头处松动漏气，或是管道开裂，或是管道被老鼠咬破；活动盖被冲开；沼气池胀裂，漏水漏气；压力表中的水被冲走；用气后忘记关开关或开关关得不严；池内加入了农药等有毒物质，抑制或杀死了沼气细菌。处理办法是：先看活动盖上的水是否鼓泡，再对池和输气系统分别进行试压、检查，看是否漏气或漏水。如找出漏气、漏水处，应进行维修；否则，应换掉一部分或大部分旧料，添加新鲜原料。

9. 压力表水柱很高但贮存的沼气很少

气压表水柱位置的高低，是衡量沼气池内沼气压力的大小，并不完全说明池内沼气量的多少。有的沼气池因为大量的雨水经进料口流进沼气池或发酵料液过多，造成气箱容积太小。当沼气产生时，池内压力增大，压力表上的水柱很快上升，但贮存的沼气量并不多。所以，当使用时，池内的沼气迅速减少，水柱很快下降，用气不久，池内的沼气就用完了。另外一种可能的情况是沼气气箱容积正常，即沼气的体积够，但沼气中甲烷太少，使沼气热值降低，为了保证火旺，沼气的耗量增加，沼气很快耗完。

10. 低压时压力表上升快以后上升越来越慢直至停止

其原因是：①气箱或输气系统慢跑气、漏气量与压力成正比，压力越高漏气越多。压力低，产气大于漏气，压力表水柱上升，当压力上升到一定高度，产气与漏气相平衡，就不再上升了；②进出料管或出料间有漏孔时，当池内压力升高，进出料间液面上升到漏水孔位置，粪水渗透漏出池外，使压力不能升高；③池墙上部有漏气孔，粪水淹没时不漏气，当沼气把粪水压下去时，便漏气了；④粪水淹没进出料管下口上沿太少，当沼气把粪水压至下口上沿时，水封不住沼气，所产的沼气便从进出料口逸出。处理方法是：检查沼气池及进出料间和输气系统是否漏气或漏水，找到漏处进行维修；如发酵料液不够，从进料口加料加水至零压线；定期出料，始终保持液面不超高。

11. 用气时开关一打开，压力表水柱上下波动

出现以上情况的原因是：①输气管路内有凝结水，特别是冬季这种现象多见。应放掉管道内的凝结水，并在输气管最低处安装积水瓶；②输气管路漏气，从漏气处剪断再用接头连接好，如接头漏气时应拔出管子，在接头上涂黄油，再将管道套上并用扎线捆紧。

12. 在从水压间取较多的肥时压力表内水柱倒流入输气管内

这是由于开关未打开，而又在出料间里出肥过多，池内液面迅速下降，使其出现负压，把压力表内水柱吸入输气管中。因此，出料过多时，应将输气管从导气管上拔下来，取完肥再插好管道。或出多少料进多少，使液面保持平衡，防止出现负压。

13. 压力表水柱被冲掉

这种情况只在U型压力表上出现。这是由于压力表管道太短，或久不用气使池内产生过高压力。当池内沼气压力大于管道水柱的高差时，沼气便会把管内水柱冲出来。因此，安装压力表应按设计压力满足100厘米水柱高度，不可太短或太长，压力表上端要装安全瓶，这样压力表既可反映池内压力，又可起超压安全作用。

14. 沼气菌中毒停止产气

在池内沼气细菌接触到有害物质时就会中毒，轻者停止繁殖，重者死亡，造成沼气池停止产气。因此，不要向池内投入下列有害物质，包括各种剧毒农药，特别是有机杀菌剂、抗生素、驱虫剂等；重金属化合物、含有毒性物质的工业废水、盐类；刚消过毒的禽畜粪便；喷洒了农药的作物茎叶；能做土农药的各种植物，如苦瓜藤、桃树叶、百部、马钱子果等；辛辣物，如葱、蒜、辣椒、韭菜、萝卜等秸秆；电石、洗衣粉、洗衣服水都不能进入沼气池。

如果发现中毒，应该将池内发酵料液取出一半，再投入一半新料，就能正常产气。

二、注意事项

在检查沼气池是否产气时，严禁在沼气池出料口或导气管口点火，避免引起火灾或造成回火致使池内气体爆炸，破坏沼气池。

第二节　维修与维护

一、维修与维护方法

（一）故障维修方法

1. 沼气池维修方法

查出沼气池漏水、漏气部位后，标上记号，根据不同情况进行维修。目前，农村家用沼气池常用的维修方法有以下6种。

（1）裂缝的处理。将裂缝凿成“V”型，周围拉毛，再用1:1水泥砂浆填塞“V”型槽，压实、抹光，然后用纯水泥浆涂刷2~3遍。

（2）如果发现有抹灰层剥落或翘壳现象，应将其铲除，冲洗干净，重新按抹灰施工操作程序，认真、仔细分层上灰，薄抹重压，并在中间夹一层渗和性密封涂料与水泥混合的浆。

（3）渗水、漏水的处理。地下水渗透入池内，可用盐卤拌和水泥，堵塞水孔，用灰包顶住敷塞水泥的地方，20 分钟后，可取下灰包，再敷一层水泥盐卤材料，再用灰包顶住，如此连做 3 次，即可将地下水截住，也可以用硅酸钠溶液拌和水泥填入水孔。硅酸钠溶液与水泥合用，2～3 分钟内便可凝结，为便于操作，可多加适量的水于硅酸钠溶液中，以减慢凝结速度。

（4）导气管与池盖交接处漏气，可将其周围部分凿开，拔下导气管后，重新安装。灌筑标号较高的水泥砂浆，并局部加厚，确保导气管的固定。

（5）池底下沉或池墙脱开，可将裂缝凿开成一定宽度、一定深度的沟槽填以 C20 细石混凝土。

（6）活动盖边缘漏气。沼气池活动盖漏气是一个长期存在的老大难问题。它直接影响着沼气池的产气效果。有的地方干脆不设活动盖，然而，天窗口兼有通风、采光、进出料等多种功能，不可不设。造成活动盖漏气的原因有两个：一是连接间的黏土等填塞物有孔隙；二是活动盖重力小，不足以抵消池内气体的压力。但是，如果活动盖过重，又会给操作带来不便。下面是处理活动盖边缘漏气的几种方法。

①用 M5 混合砂浆（42.5 号水泥：石灰膏：砂 =1：1：7）封闭天窗口与活动盖间的结合缝；同时，在活动盖上增加一定的重量（2～3 块厚度为 60 毫米左右、大小与活动盖一样的混凝盖板）。

②对于底层进出料的沼气池，天窗口仅起通风和采光的作用，天窗口可设计小些，采用小型重力式活动盖、橡胶垫圈密闭结合缝的办法。例如，设计压力为 8 千帕的沼气池，根据天窗口

的大小，选择合适的橡胶垫圈，加上 3 块自重 17.4 千克的盖板即可，或用一块盖板配套相应的螺栓结构。

③用黏土封堵活动盖。用黏土封堵沼气池活动盖缝隙可取得较好效果，其做法是：用两种不同含水率黏土，分别以不同的方法堵塞在不同部位的缝隙中。首先备好纯净的黏土，先取出一半，视其含水率情况，将其调和槌打成柔性黏土（以不粘手为宜），将另一半黏土自然风干成半干状，并碎成小粒（以能装入缝隙为度）待用。封堵时，先将柔性黏土搓成圆条，将其均匀地按压在洗净的天窗口上沿和蓄水圈下沿之间，使呈斜坡形。然后将洗净的活动盖安放在天窗口正中，从出料口取出 50 ~ 100 千克沼液，使池内形成负压，再捣实半干黏土，将半干黏土分层装入活动盖周围竖缝中，分层用木棒槌打捣实，直至与活动盖上沿相平。当半干黏土填满约 2/3 缝隙时，用 8 ~ 10 块楔形卵石（或木楔）等距打入缝隙中，使楔肌卵石与两壁楔紧。最后，在缝隙上部的黏土上洒少量水，将表面压平抹光。待封皮后，再刷一层水泥浆，防止黏土向上膨胀。待水泥浆终凝后，将养护圈再慢慢注满水，防止竖缝黏土干裂产生漏气。

2. 输气管路的维修方法

发现漏气部位及时维修。阀门、开关坏损，要更换新的；塑料管道有裂缝、破损，可剪掉破损处重新接好，接头不牢漏气，剪断一小段重新插接；管道老化，应更换新的管道；如铁管有破损，能局部修补的进行局部修补、焊接，如不能局部修补的，应整条换下，并注意定期刷防锈漆，避免腐蚀漏气。

（二）日常维护

（1）每口沼气池都要安装压力表，经常检查压力表水柱变化。当沼气池产气旺盛时，池内压力过大，要立即用气、放气，以防胀坏气箱，冲开活动盖，造成事故。如果池盖已经冲开，需立即熄灭附近烟火，以避免引起火灾。

(2) 经常检查输气管道、开关、接头是否漏气，如果漏气，要立即更换或修理，以免发生火灾。不用气时，要关好开关。在厨房如嗅到臭鸡蛋味，要开门窗切断气源，人也要离开，待室内无味时，再检修漏气部位。

(3) 在输气管道最低的位置要安装凝水瓶（积水瓶），经常检查水位，并防止冷凝水聚集冻冰，堵塞输气管道。

(4) 经常检查活动盖的养护水是否干了，若水已干了，应及时加水，以免活动盖的密封黏土发裂漏气。

二、注意事项

(1) 安全入池维修。沼气池是个密闭的容器，空气不流通，而且缺氧，其主要气体是甲烷和二氧化碳，及一些对人有害的气体。在甲烷浓度达到30%时，可使人麻醉，浓度达到70%，可使人窒息死亡。二氧化碳也是一种窒息性气体。再加上一些有毒气体对人有麻醉和毒害作用，所以，在经过发酵的沼气池和刚出完料的沼气池内，禁止人进入进行检查和维修。池子出完料后，先把活动盖和进出料口盖揭开，清除池内料液，敞1~2天，并向池内鼓风排出残存的沼气。再用鸡、兔等小动物试验。如没有异常现象发生，在池外有人监护的情况下，方能入池。入池人员必须系安全带。在入池后有头晕、发闷的感觉，应立即出池，到道风处休息。禁止单人操作。

入池操作，可用防爆灯或电筒照明，不要用油灯、火柴或打火机等照明。

(2) 沼气池的进、出料口要加盖，以防人、畜掉进去造成伤亡事故。

第八章 沼气安全生产与使用

沼气池的修建、维修、日常管理和日常使用等各个方面都必须注意安全，否则，就可能造成池坑崩塌、池体破裂，甚至引起火灾、爆炸，造成人、畜伤亡等事故发生。因此，必须通过各种途径和工具，经常宣传沼气池的安全使用知识，并采取必要的安全防护措施，以杜绝事故的发生。

第一节 安全施工

农村户用沼气池一般都修建在地下，6～8 立方米的池子深度有 2 米左右，如果不注意安全，不按施工操作规程和技术要求进行施工，则在开挖池坑、建池及池子建成后，都有发生工伤事故的可能性。因此，应采取措施，防止事故的发生。

一、防止塌方

挖池坑时，要掌握土质状况。一般土质较好、地下水位较低的地基，池壁可以不留坡度，但严禁挖成上凸下凹的形状；在土质较差的松软土、砂土地块开挖池坑，要采取加固措施，并留有一定的坡度，以防塌方；挖出的松土要远离池边，防止建池人员脚踩松土，滑入坑内跌伤。

二、避开公路和建筑物

沼气池不要建在紧靠公路和车辆行驶的土路上，以防止重型车辆通过时，震损或压伤池子；也不要建在距建筑物太近的地方，以防止挖池坑时，建筑物倒塌。

三、按要求施工

目前，农村家用沼气池一般都用混凝土建造。施工时，一定要按工程要求进行，不能偷工减料，降低标准；浇筑后，必须在一定条件下养护，使其强度达到 70% 以上，方可拆除模板；拆模时要小心谨慎，下池人员要戴安全帽；模板出池后，应及时运走，不能集中堆在拱顶上，以防因过重而压塌未达到养护期的拱顶；同时，未达到保养期的新建沼气池不得进料封池。

四、及时加盖

沼气池建成后，进、出料口平时一定要加盖混凝土预制板或木板，以免小孩、牲畜掉进去，造成人、畜伤亡；同时，进、出料口加盖也有助于保温和减少料液中氨态氮的挥发。弃之不用的病态池应及时填埋，若仍作为粪池使用，应盖好进、出料口和活动盖口，以防发生事故。

五、防止砸伤或摔伤人

开挖池坑，运送石料和建池砌筑时，要防止石料滑落、掉砖和工具失手砸伤施工人员。运输石料和搭手脚架的绳索，必须坚实、牢固，防止其断裂、落架而伤人。

六、防止触电

建造和管理沼气池使用电器设备时，应严格按照用电安全规程办事，防止电器设备漏电而发生触电事故。

第二节　安全管理与维修

沼气池是一个密封容器，空气不流通，缺乏氧气。沼气池所产沼气的重要成分是甲烷、二氧化碳和一些对人体有害的气体，例如，硫化氢、一氧化碳等。当空气中的甲烷浓度达到30%时，人吸入后，肺部血液得不到足够的氧气，会造成神经系统的呼吸中枢抑制和麻痹，就会使人发生窒息性中毒；当甲烷浓度达到70%时，可使人窒息死亡。二氧化碳也是一种窒息性气体，当空气中二氧化碳浓度达到3% ~5%时，人会感到气喘、头晕、头痛；达到6%时，就会呼吸困难而引起窒息；达到10%时，就会不省人事，呼吸停止而死亡。由于二氧化碳比空气重1.53倍，易聚在池的底部，加上刚出料后的沼气池内缺乏氧气，还可能残余少量的硫化氢、磷化氢等有毒气体，所以，禁止施工人员立即下池检查和维修。如果不注意，很容易发生事故。因此，必须按照预防措施进行沼气池的管理和维修。

一、下池前必须做动物试验

进入沼气池出沉渣和检修时，一定要揭开活动盖，将原料出到进出料管下口以下，并设法向池内鼓风，促使空气流通；人下池前，用小动物，如鸡、兔等放入池内进行试验，停留20分钟，若反应正常，人方可下池。否则，要加强鼓风，直至试验动物活动正常时，人才能下池。

二、做好防护工作

人进入沼气池要用梯子，穿高帮胶鞋，戴口罩，皮肤不要接触粪液，腰部系一根保险绳，池外要有专人守护。入池人员若感到头晕、胸闷、不舒服，要马上离开池内，到空气流通的地方休息。发生意外时，应立即拉绳救人，严禁单人下池操作。

三、防止发生连续事故

倘若有人在池内昏倒，而又不能迅速救出时，应火速向池内鼓风，促使空气迅速进入，切不可盲目下池，否则可能造成更严重的伤亡事故。

四、防止管道和附件漏气

平时注意检查输气管道是否漏气，停止用气时，要关好开关。厨房要保持通风良好，空气清洁。如在未点燃灶具的情况下，嗅到臭鸡蛋味（硫化氢），特别是在密封不通气的房间，人要立即离去，开门开窗，并切断气源，待室内无气味时，再检修漏气部位。

五、使用燃烧完全的优质沼气用具

选择燃烧性能好的沼气炉灶、灯具使用时，要注意调节灶具或灯上的空气进气孔，避免形成不完全燃烧，浪费沼气，同时，燃烧不完全所产生的一氧化碳对人体造成危害。

六、保持池内压力平衡

一般进出料时，池内压力波动不大。但当用机械进出料时，事先应打开活动盖，以防止出现过大的正、负压，使沼气池崩裂、倒塌。

七、采用玻璃“U”型压力计

应选择带安全瓶的玻璃“U”型压力计，以免沼气太多，压力过大，对沼气池体造成危害。

八、进出料口应设置防雨设施

一般沼气池进出料口应高出附近地面，避免雨水流入沼气池，而使沼气压力增大，造成沼气池体损坏。

第三节 安全用气

沼气是易燃易爆的气体，其燃点比一氧化碳和氢气都低，一个火星就能点燃。同时，当含量在爆炸极限时，会引起爆炸。因此，为了避免火灾和爆炸，必须注意以下几个方面：

一、沼气用具必须远离易燃物品

沼气灯和沼气灶不要放在柴草、衣物、蚊帐、木制家具等易燃物品附近。沼气灯的安装位置还应距离房顶远些，以防将顶棚烤着，引起火灾。

二、采用火等气的点火方式

点沼气灯和沼气灶前，应先打着火，后打开开关。以免不必要的沼气逸出，造成危害。

三、池内严禁明火照明

在清除沼气池沉渣和维修沼气池时，除防止中毒和窒息外，不得使用明火或点燃香烟，以防池中存有沼气，引起火灾。可用手电筒照明。

四、严禁在导气短管和输气管上试火

检查池子是否正常产气，应在距沼气池 5 米以上的沼气灶具上进行点燃试验，不可在导气短管和有机输气管上点火，以防回

火，引起火灾和池子爆炸。

五、经常检查输配系统

防止老鼠咬破、老化、漏气，引起中毒和火灾。

六、严禁用手触摸沼气灯纱罩

沼气灯纱罩是经过放射性元素硝酸钍溶液浸泡过的，对人体有害。未经使用的纱罩，不要用手触摸（一旦触摸，应立即洗手）。点燃纱罩时，千万不要碰纱罩。不适用的废纱罩，要埋在地下，不要乱扔，以免污染环境。

七、防止回火

有条件的可安装回火控制器，以防止回火，引进沼气池爆炸。

第四节　中毒事故与急救

一、沼气窒息中毒事故的类型

沼气窒息中毒的表现，可分为轻型、中型、重型三类。

（一）轻型

人进入沼气池后，立即昏倒，不省人事。被救出沼气池后，呼吸加深，张口吸气，数分钟后清醒。

（二）中型

病人从沼气池救出后，出现阵发性、强直性全身痉挛、昏迷，面色苍白，心跳和呼吸加快。起初瞳孔缩小，随后转为正常。经抢救治疗好转后，大多数人都不能回忆曾发生过什么事情，连自己下沼气池的事也记不清，定向力（辨别时间、地点的能力）暂时受到阻碍。

（三）重型

人进入沼气池后昏倒，一般没有痉挛，或仅有微弱的抽搐，呼吸停止后心跳还能继续，若病人死亡，尸斑呈青紫色。

中毒症状的轻重，与在沼气池内停留时间的长短和沼气池内有害气体的浓度有着密切的关系。因此，事故发生后，应立即向池内通风。实践证明，重型中毒，一般都有抢救治愈的可能。

病人抢救脱险后，24 小时内会出现全身乏力、头痛、胸闷等症状，呈压迫感，干咳，有的发生支气管肺炎，化验检查白血球有明显升高。

轻微中毒的病人，自觉气紧、胸闷、呼吸和心跳加快，头昏乏力，出汗恶心等。救出沼气池后，吸取新鲜空气，症状随之消失。

二、沼气窒息中毒事故的抢救

若一旦发生沼气窒息中毒事故，应及时将病人救出池外，进行抢救。抢救时，应注意以下几个方面：

（一）进行有组织的抢救

立即组织好人员进行抢救，同时，请医生到现场抢救，或送医院治疗；不要慌乱，严禁围观，堵塞道路。

（二）注意透气和保温

将被抢救的病人移放到空气新鲜的地方，揭开胸部钮扣和裤带，进行抢救，但要注意保暖，防止受凉。

（三）急救处理方法

四川省人民医院和四川省化学研究所对沼气窒息性中毒病人进行了一些研究，并总结归纳出以下急救处理方法：

1. 痉挛的处理

（1）冬眠灵、非拉根（复方氯丙嗪）。成人每次用量 25 ~

50 毫克，儿童每千克体重 1 毫克，肌肉或静脉注射。吗啡、杜冷丁有抑制呼吸中枢的作用，应忌用。

（2）安定。成人每次 10 ~ 20 毫克（用助溶剂稀释到 2 ~ 4 毫升），儿童每千克体重 0. 04 ~ 0. 2 毫克，缓慢静脉注射。如疗效欠佳，一小时后可重复一次。

（3）噜米那钠。成人每次 0. 2 克，儿童每千克体重 10 毫克，肌肉注射。

（4）阿米托钠。成人每次 0. 1 ~ 0. 3 克，儿童每千克体重 5 毫克，肌肉注射，或缓慢静脉滴注。

2. 呼吸停止的处理

（1）做人工呼吸。可做口对口呼吸，必要时可做支气管插管、人口加压呼吸。

（2）山根菜碱（洛贝林）。每次 3 ~ 6 毫克，肌肉或静脉注射。

（3）可拉明。每次肌肉或静脉注射 0. 375 克。

（4）回苏灵。静脉注射一次 8 毫克，静脉滴注一次 16 ~ 24 毫克。

3. 心律缓慢和心跳停搏的处理

（1）心律缓慢、心跳暂停可选用下列药物。

①阿托品　每次静脉注射 0. 5 ~ 2 毫克。

②异丙基肾上腺素 0. 5 ~ 1 毫克，加入 500 毫升的葡萄糖液中，静脉缓慢点滴，保持心律每分钟 80 次。

③1 克分子乳酸钠 20 毫升或葡萄糖酸钙 10 毫升，静脉注射或心室腔内注射。

（2）心跳停搏的处理方法。

①胸外心脏按摩。

②1 : 1 000 肾上腺素 0. 5 ~ 1 毫升，心室腔内注射。

③1 : 10 000 肾上腺素、去甲基肾上腺素、异丙基肾上腺素

和阿托品各1毫升（四联针），室腔内注射。

(3) 脑水肿。呼吸、心跳停止后，引起脑缺氧缺血，而致脑水肿。脑水肿后，病人不能苏醒。一般用甘露醇脱水疗法处理，甘露醇用量每次每千克体重0.5~1.5克，静脉快速滴注。

(4) 高能量合剂。促进神经细胞的恢复。三磷酸腺甙20~40毫克，细胞色素C30毫克，辅酶A50毫克，三者合并加入葡萄糖液中，静脉注射。

三、沼气烧伤的现场急救措施

沼气的火焰速度一般为0.2标米/秒，因此，不注意沼气安全使用知识，就容易引起烧伤。沼气烧伤的特点是创伤面积大，皮肤损伤为Ⅱ~Ⅲ度，且伤面常有粪便和秽物污染，如现场急救处理不当，病情容易发展。发生沼气烧伤事故后，可采用下列方法进行现场急救处理：

(一) 灭火

及时灭火是减轻病情的首要措施。人被烧着，应迅速脱下着火的衣服，或就地慢慢打滚灭火，或由抢救者用水浇，或用湿衣、湿被、湿毯子等扑盖灭火，或跳入附近水沟、水塘内。切不可用手扑打，以免手部烧伤更重，影响以后功能的恢复，也不可仓惶奔跑，因为火乘风势会助长燃烧，创伤更重。如在池内着火，要从上往下泼水进池灭火，并尽快将病人救出池外。

(二) 保护创伤面

现场处理创伤面的目的在于尽量保护创面不再加重损伤和感染。因此，灭火后，要先剪开被烧烂的衣服，用清水（井水、河水、自来水）冲洗身上的粪便和泥土，用清洁衣服或被单包裹创面或全身，寒冷季节应另加干净被盖保暖，但注意被盖不要直接压着创面。

（三）注意呼吸通畅

沼气是一种气体燃料，因此，沼气烧伤的患者，常常有口、鼻和上呼吸道的黏膜烧伤，咽喉部黏膜苍白或充血水肿。凡声音嘶哑者，应严密观察呼吸情况，对呼吸困难或窒息的患者，应立即进行气管切开手术。

（四）镇静止痛

烧伤患者非常疼痛，常用的镇静剂有杜冷丁，成人每千克体重肌肉注射 1～2 毫升，或肌肉注射吗啡，成人每千克体重 0.2 毫克，一日 2～3 次。大面积烧伤病人因周围循环障碍，肌肉注射吸收不良，应在杜冷丁或吗啡中加生理盐水 5～10 毫升稀释后作静脉缓慢注射。伴有呼吸道烧伤或颅脑损伤者，应忌用吗啡，改用噜米那钠，成人一次计量为 0.1 克。

（五）合并症的处理

如患者有窒息、骨折等合并症，应立即抢救，对骨折可作简单固定处理。

（六）转运时间的选择

严重烧伤的病人最好等休克期度过后再转运为宜，切忌在烧伤后 72 小时内转送，否则将加重休克，增加早期暴发型阴性杆菌败血症的发病率。在此 72 小时内，应及时补充足量的生理盐水或葡萄糖盐水等晶、胶体药物，待患者有足够尿量后才转送。切忌单纯补充水分和口服大量开水，这样不但不能纠正休克，还有可能导致脑水肿等严重后果。如由于条件限制，需要立即转送病人，则应在烧伤后 2～3 小时内送到医院治疗。

（七）转送患者的注意事项

转运前，对未包扎妥的创面，最好采用吸水性能好的敷料，进行重新消毒包扎，包扎的敷料应厚些，防止创面渗出液渗透敷料，增加感染机会，同时，厚敷料又可以起到保护创面的作用。搬运时，运输工具要宽敞，病人采取平卧姿态，设法尽量减少因搬运病人而带来的疼痛。长途转运要采取静脉输液，安置保留导尿管，观察尿量。转运途中禁用冬眠灵，并严格观察病情变化，做好急救处理。

第九章　大中型沼气工程

近年来，我国畜禽养殖业迅速发展，养殖规模和产值均发生巨大变化，肉类产量以每年10%以上递增，奶类和禽蛋递增率也在10%以上。在市场需求迅速增加的拉动下，养殖业迅速向集约化、规模化方向发展。畜禽养殖业的高速发展，带来大量的畜禽粪污排放，粪便污水属高浓度有机废水，其中，BOD含量高达4克/升，COD、SS的浓度已超出我国规定标准排放量的10倍。目前，我国畜禽养殖废水COD排放量已超过全国工业废水和生活污水COD排放量。这些粪便、污水通过地表径流、土壤渗透，进入地表水体及地下水层，致使地下水中硝酸氮、硬度和细菌总数超标，造成严重的水体污染。同时，传统的畜禽粪污处理多为直接排放到周围的低洼地，任其自然腐化，由此产生大量恶臭气体，不仅为蚊蝇孳生、寄生虫病的传播蔓延制造了生存和扩散机会，还直接降低了空气质量，破坏周围的生态环境，对环境卫生和安全带来负面影响。实践证明，大中型沼气工程技术是治理当前畜禽养殖业污染的有效措施。

第一节　基本工艺流程

一、工艺类型

沼气工程的工艺类型主要是依据沼气工程的建设目的和周边环境条件来选择。工艺选择原则是在生产沼气的同时，必须满足环境要求，不能造成二次污染。通常，沼气工程工艺可分为能源生态型和能源环保型两种类型。

1. 能源生态型工艺流程

能源生态型就是沼气工程周边有足够面积的农田、鱼塘、植物塘等，用来消纳经沼气发酵后的沼渣、沼液，使沼气工程成为生态农业园区的纽带。能源生态型沼气工程，可以合理配置养殖业与种植业，既不需要花费高额费用用于沼液后处理，又可促进生态农业发展（图9－1）。

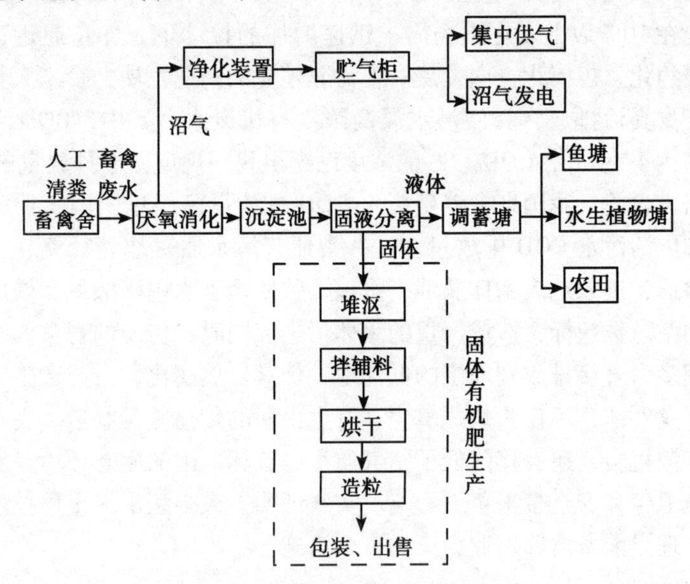

图9－1　能源生态型工艺流程图

2. 能源环保型工艺流程

沼气工程周边环境无法消纳沼气发酵后的沼渣、沼液，必须将沼渣制成商品肥料，将沼液经过好氧发酵一系列后处理，达到国家排放标准后，才能进行排放。这就是能源环保型沼气工程为了保证城市居民的菜篮子问题，目前，我国许多集约化养殖场都集中在大中城市周围，周边没有配套土地用来消纳沼渣、沼液，但沼液中仍含有大量有机物及养分，直接排放会带来二次污染。为此，通常采用好氧发酵等方法对厌氧发酵液进一步处理，达到当地污水排放标准后排放。这种工艺的工程费用和运行成本较高，但由于回收的沼气可以作为能源，并通过沼气发酵去除厂污水中的大部分有机物，比单纯使用好氧曝气的方法来处理污水，既产能又节能（图 9－2）。

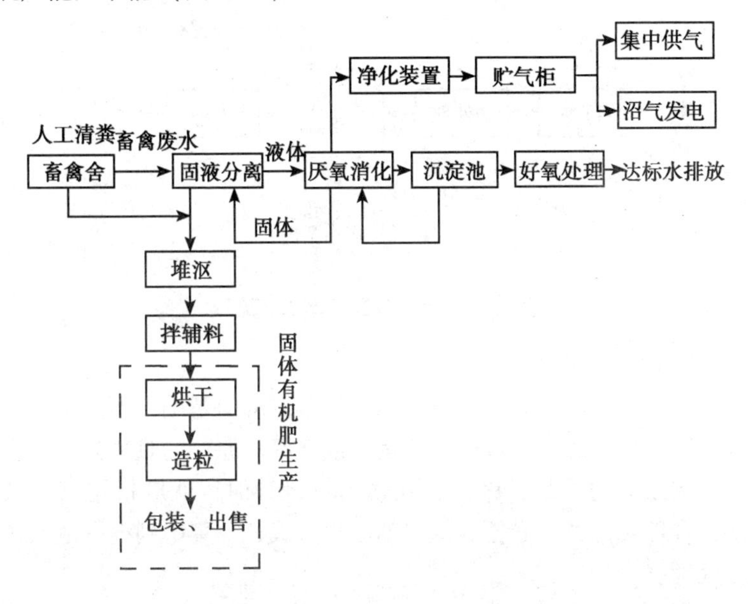

图 9－2 能源环保型流程图

由于能源环保工程的首要目的是使污水达标排放，所以，在工艺选择时，首先要减少污水量及污水中的干物质量，在猪场、牛场等采用干清粪的方式，人工收集固体粪便，然后再将残余粪便用水冲洗。粪水进入调节池后，先进行固液分离，分离出固形物与固体粪便一起进行好氧堆沤处理，生产有机肥，液体部分进入沼气池进行沼气发酵。这样有利于降低水处理成本，但是沼气产量也相应较低。

二、基本工艺流程

一个完整的大中型沼气发酵工程，无论其规模大小，都包括了如下的工艺流程：原料的收集→预处理→厌氧消化器→后处理→沼气的净化→贮存→输配→利用等（图9－3）。

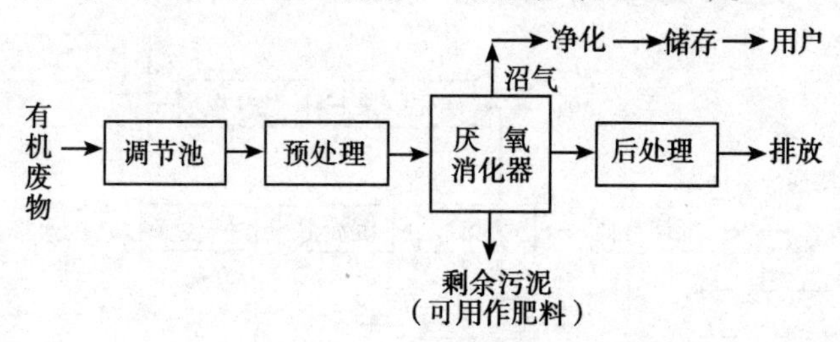

图9－3　沼气发酵基本工艺流程

1. 原料的收集

充足而稳定的原料供应是沼气正常发酵的基础，不少沼气工程因原料来源的变化被迫停止运转或报废。原料的收集方式又直接影响原料的质量，因此，在畜禽场设计时，就应根据当地条件，合理安排畜禽粪便、粪水的收集方式，并集中到统一地点进行处理。

集中后的原料首先进入调节池贮存。因为畜禽场粪便的收集、冲洗时间比较集中，而厌氧消化器的进料时间在一天内是均匀分配的，所以，调节池的大小一般要能贮存24小时废水量。在温暖季节，调节池常可兼有酸化作用，这能改善原料性能、加速厌氧消化。

2. 原料的预处理

原料中常混有各种杂物，例如，牛粪中的杂草，鸡粪中的鸡毛和砂砾等，因此，原料进入厌氧发酵罐前，应进行预处理。在以环保为目的的工艺中，通常还需要在该流程加固液分离设备，以减少进入厌氧反应器中的悬浮固体物含量。在原料温度较低时，通常也在该流程中给原料加温。

3. 厌氧消化

厌氧消化为整个工艺流程的核心部分，厌氧消化器（俗称沼气池）是厌氧发酵的核心设备，微生物的生长繁殖、有机物的分解转化、沼气的产生都是在消化器里进行的。因此，消化器的结构和运行参数是一个沼气工程的设计重点。根据所处理废弃物的理化性质不同，采用不同类型的消化器是大中型沼气工程提高科技水平的关键。

4. 厌氧消化液后处理

厌氧消化液的后处理是大型沼气工程不可缺少的组成部分，其方式多种多样，最简便且具有经济效益的方法是作为液体肥料直接施用于大田作物、果树及温室蔬菜大棚等。但由于施肥的季节性，不能保证每天消纳大量的厌氧消化液。可靠的方法是将厌氧消化液进行固液分离，分离后的固体残渣与固体粪便一起制成有机肥；清液部分可经曝气池、氧化塘等好氧处理，达标排放，或经进一步处理达到农田灌溉水标准。

5. 沼气的净化、贮存和输配

有机物厌氧发酵，会有部分水蒸气与沼气一起进入输气管路，遇冷凝结为水。中温（35℃）厌氧发酵生成的沼气中含水量为 40 克/立方米，而冷却到 20℃时，沼气中的含水量只有 19 克/立方米，也就是说，每立方米沼气在从 35℃降温到 20℃的过程中会产生 21 克冷凝水。这些水会造成输气管路堵塞，有时还会进入沼气流量计，影响其正常使用。因此，应采用脱水装置，尽快去除从厌氧消化器进入输气管路的水。

另外，在厌氧发酵过程中，由于微生物对蛋白质的分解或对硫酸盐的还原作用，也会产生一定量硫化氢气体，与沼气一同进入输气管道。沼气中硫化氢含量在 1 ~ 12 秒/立方米，蛋白质或硫酸盐含量高的发酵原料所生成的沼气中硫化氢含量就高。硫化氢是一种腐蚀性很强的酸性气体，它可快速腐蚀管道及仪表，而且硫化氢本身及其燃烧时生成的二氮化硫对人体均有毒害作用。因此，沼气使用前，必须去除其中的硫化氢。根据城市煤气标准，煤气中硫化氢含量不得超过 20 毫克/立方米。去除硫化氢通常采用脱硫塔，内装脱硫剂进行脱硫。因脱硫剂使用一定时间后需要再生或更换，所以，最少要设两个脱硫塔，轮流使用。

通常用贮气柜来贮存沼气，以调节产气和用气的时间差别，同时还能起到调节压力的作用。贮气柜分干式贮气柜和浮罩式湿式贮气柜，其大小一般为日产沼气量的 1/3 ~ 1/2，以保证稳定供气。

沼气的输配系统是指将沼气输送并分配至各用户（点），输送距离可达数千米。输送管道通常采用金属管。近年来，用高压聚乙烯塑料管作为输气干管试验也已获得成功。用金属管输气管道易锈蚀，而用塑料管输气，不仅能避免锈蚀，并且能降低造价。

第二节 厌氧消化器

目前，常见的厌氧消化器可分为常规型、污泥滞留型和附着膜型三大类。

一、常规型消化器

常规型消化器的典型特征是：发酵原料中的液体、固体和微生物部分靠进出料及气体的搅拌作用，均匀地混合在一起，进行厌氧发酵，生成沼气。但在出水时，上清液携带着部分固体物质和微生物一起被排出消化器，即消化器水力滞留期（HRT）、固体滞留期（SRT）和微生物滞留期（MRT）完全相同。消化器内由于没有足够的微生物，并且固体物质得不到充分消化，因而反应效率较低。此类消化器包括常规消化器、完全混合式消化器和塞流式消化器等。

1. 常规消化器

常规消化器也称常规沼气池，是一种结构简单、应用广泛的厌氧消化器，结构如图9－4所示。该消化器无搅拌装置，原料在消化器内呈自然沉淀状态，一般分为4层，从上到下依次为浮渣层、上清液层、活性层和沉渣层，其中，厌氧消化活动旺盛的场所只限于活性层内，因而效率较低。这种消化器通常在常温条件下运行。我国农村最常用的水压式沼气池，均属这种类型消化器。

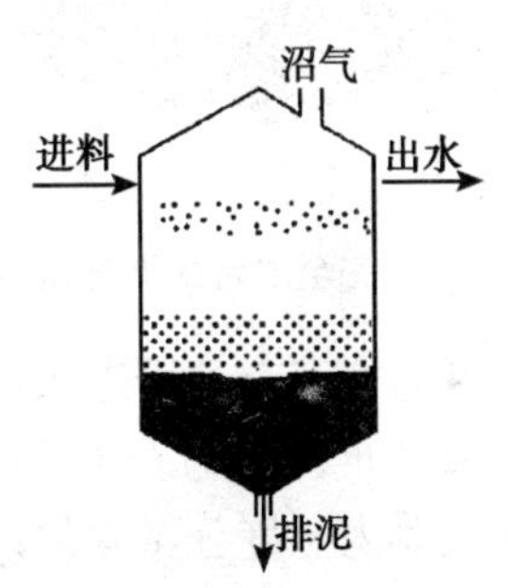

图9－4 常规消化器结构图

2. 完全混合式消化器

完全混合式消化器是在常规消化器内安装了搅拌装置，使发酵原料和微生物处于完全混合状态。与常规消化器相比，该消化器活性区遍布整个消化器，效率明显提高（图9－5）。该消化器常采用恒温连续投料或半连续投料方式运行，适用于高浓度及含有大量悬浮固体原料的处理。例如，污水处理厂好氧活性污泥的厌氧消化多采用该工艺。在该消化器内，新进入的原料由于搅拌作用，很快与消化器内的其他发酵液混合，使发酵底物浓度始终保持在相对较低状态。而排出的料液又与发酵液的底物浓度相同，并且在出料时，微生物也被一起排出，所以，出料浓度一般较高。该消化器是典型的HRT、SRT和MRT完全相同的消化器。为了使生长缓慢的产甲烷菌的增殖和冲出速度保持平衡，要求HRT较长，一般要10~15天或更长的时间。中温发酵时负荷为3~4千克COD/（立方米·天），高温发酵为5~6千克COD/（立方米·天）。

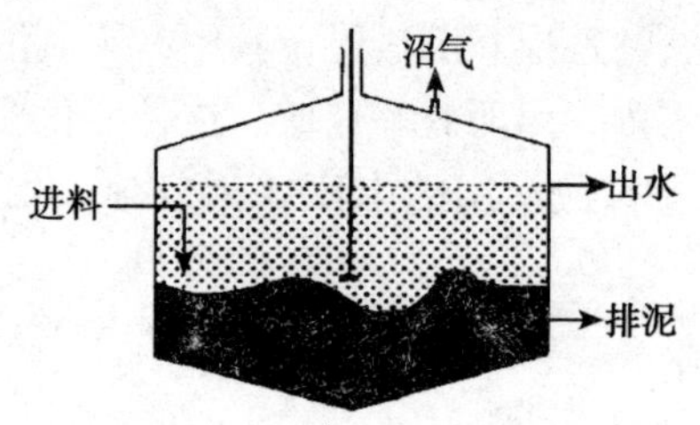

图9-5　完全混合式消化器示意图

完全混合式消化器的优点有：可进入悬浮固体含量较高的原料；消化器内物料均匀分布，避免了分层状态，增加了底物和微生物的接触机会；消化器内温度分布均匀；进入消化器的抑制物质，能够迅速分散，保持较低浓度水平；避免了浮渣、结壳、堵塞、气体逸出不畅和短流现象；易于建立数学模型。缺点有：由于该消化器无法使SRT和MRT在大于HRT的情况下运行，所以，需要消化器体积较大；要有充足的搅拌，能量消耗较高；生产用大型消化器难以做到完全混合；底物流出该系统时未完全消化，微生物随出料而流失。

3. 塞流式消化器

塞流式也称推流式消化器（图9-6），是一种长方形的非完全混合消化器，高浓度悬浮固体原料从一端进入，从另一端流出，原料在消化器的流动呈活塞式推移状态。在进料端呈现较强的水解酸化作用，甲烷的产生随着向出料方向的流动而增强。由于进料端缺乏接种物，所以，要进行污泥回流。在消化器内应设置挡板，有利于运行的稳定。

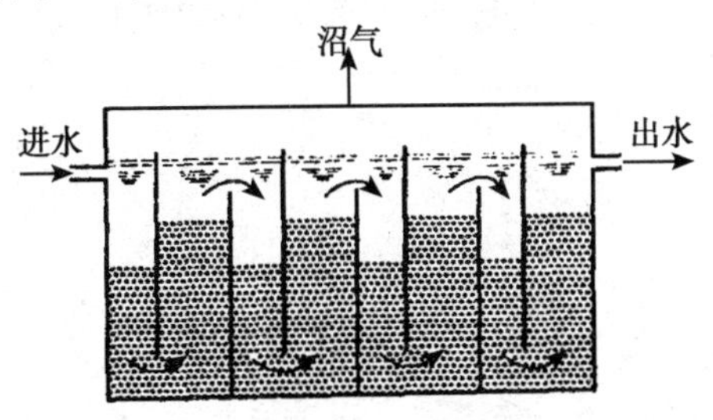

图9－6　塞流式消化器示意图

塞流式消化器最早用于酒精废醪的厌氧消化。河南省南阳酒精厂于20世纪60年代初期修建了隧道式塞流消化器，用于高温处理酒精废醪。发酵池温为55℃左右。投配率为12.5%，滞留期8天，产气率为2.25～2.75立方米/（立方米·天），负荷为4～5千克COD/（立方米·天），每立方米酒醪可产沼气23～25立方米（表9－1）。

表9－1　酒精废醪厌氧消化结果

原料	pH值	SS		COD		BOD	
		（毫克/升）	去除率（%）	（毫克/升）	去除率（%）	（毫克/升）	去除率（%）
进料	4.3	17 000		45 500		28 000	
出料	7.6	1 900	88.8	7 000	84.6	2 300	91.8

塞流式消化器在牛粪厌氧消化上也被广泛应用。这是因为牛粪质轻、浓度高、长草多，本身含有较多产甲烷菌，不易酸化，所以，使用塞流式消化器处理牛粪较为适宜（表9－2）。该消化器进料要求粗放，不用去除长草，不用泵或管道输送，使用绞龙

或斗车直接将牛粪投入池内。生产试验表明，塞流式消化器不适用于鸡粪的发酵处理，因鸡粪沉渣多，易沉淀而形成死区，严重影响消化器效率。

表 9－2　塞流式消化器与常规沼气池比较

池型及体积	温度（℃）	负荷（千克 VS/立方米·天）	进料（TS%）	HRT（焦）	产气量（升/千克 VS）	CH（%）
塞流式	25	3.5	12.9	30	364	57
$38.4m^3$	35	7	12.9	15	337	55
常规池	25	3.6	12.9	30	310	58
$35.4m^3$	35	7.6	12.9	15	281	55

塞流式消化器的优点有：不需搅拌装置，结构简单，能耗低；除适用于高 SS 废物的处理外，尤其适用于牛粪的消化；运转方便，故障少，稳定性高。缺点有：固体物可能沉淀于底部，影响消化器的有效容积，使 HRT 和 SRT 降低；需要固体和微生物的回流作为接种物；因该消化器面积/体积比值较大，难以保持一致的温度，效率较低；易产生结壳。

二、污泥滞留型消化器

此类消化器的特征为：通过各种固液分离方式，将 SRT、MRT 与 HRT 分离，从而使消化器有较长的 SRT、MRT 和较短的 HRT，提高产气量并缩小消化器体积。此类消化器包括固体回流式消化器（CSTR）（又称厌氧接触工艺）、升流式厌氧污泥床（UASB）消化器、升流式固体消化器（USR）和内循环厌氧消化器（IC）等。

1. 固体回流式消化器（CSTR/SR）

该工艺是全混式消化器的改良。通过厌氧出水的沉淀和回流，增加了微生物和未反应固体的滞留期，它广泛应用于工业废水的处理（如酒精废液等）。该工艺需要额外的设备来使固体和活性微生物沉淀与回流，如图9-7所示。

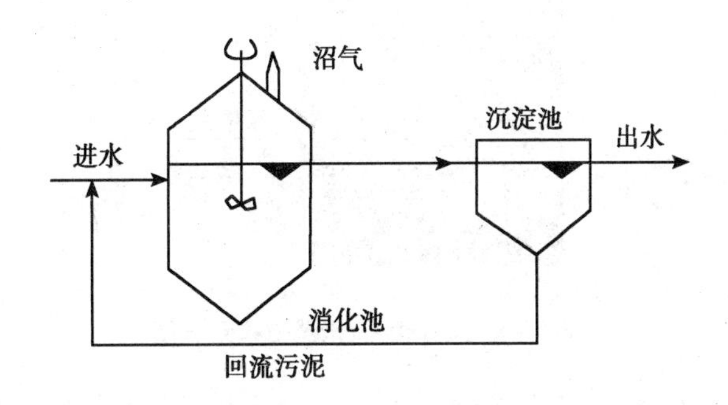

图9-7　厌氧接触工艺示意图

2. 升流式厌氧污泥床（UASB）消化器

UASB是目前发展最快的厌氧消化器，其特征是自下而上流动的污水流过膨胀的颗粒状的污泥床与微生物充分反应。消化器分为3个区，即污泥床、悬浮层和气/固分离器，分离器将气体分离并阻止固体漂浮和冲出，使MRT比HRT大大增长，产甲烷效率明显提高。污泥床区平均只占消化器体积的30%，但80%~90%的有机物在这里被降解。该工艺将污泥的沉降和回流置于一个装置内，降低了造价。在国内外已被大量用于低SS废水的处理。其结构如图9-8所示。

该工艺的优点为：除气/固分离器外，消化器其他部分结构简单，没有搅拌装置及填料；较长的SRT及MRT使其实现了很高负荷率；颗粒污泥的形成使微生物天然固定化，增加了工艺的稳定性；出水SS含量低；适用于低SS含量废水的处理。

其缺点是：需要安装气/固分离器；需要有效的布水器，才能使进料能均匀地分布在消化器底部；进水要求低SS含量；在

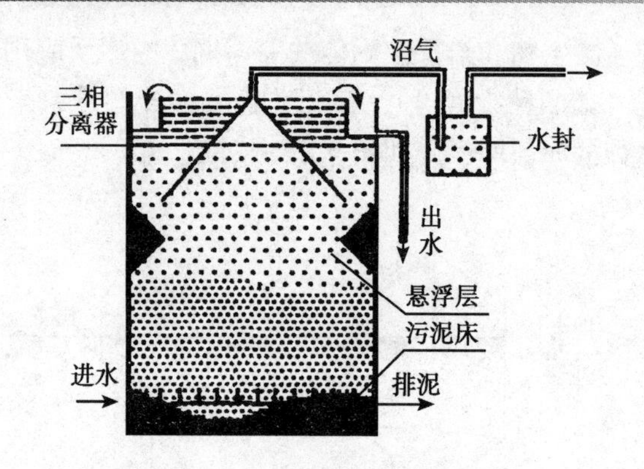

图 9-8 UASB 消化器结构示意图

高水力负荷或高 SS 负荷时，易流失固体和微生物，运行技术要求较高。

3. 升流式固体消化器（USR）

升流式固体消化器是一种结构简单，适用于悬浮固体原料的消化器。它的结构如图 9-9 所示。

该消化器的原料从底部进入消化器内，消化器内不需要安置三相分离器，不需要污泥回流，也不需要完全混合式消化器那样的搅拌装置。未消化的生物质固体颗粒和沼气发酵微生物，靠被动沉降滞留于消化器内，上清液从消化器上部排出，这样就可以得到比 HRT 高得多的 SRT 和 MRT，从而提高固体有机物的分解率和消化器的效率。

据国外研究，利用中温 USR，在 TS 浓度平均为 12% 海藻的沼气发酵时，其负荷范围为 1.6~9.6 千克 VS/（立方米·天）。其甲烷产量为 0.38~0.34 立方米/千克 VS 加入，并且甲烷产率为 0.6~3.2 立方米/（立方米·天），这个效果明显比完全混合式要好得多，其效率接近 UASB 的功能。

从国内外的研究情况来看，USR 在处理高 SS 废物时，具有较高实用价值，许多 SS 废水，例如，酒精废醪、丙丁废醪、猪粪、淀粉废水等使用 USR 进行处理还有待研究，所取得的研究成果，也还需要经过生产实践的验证。

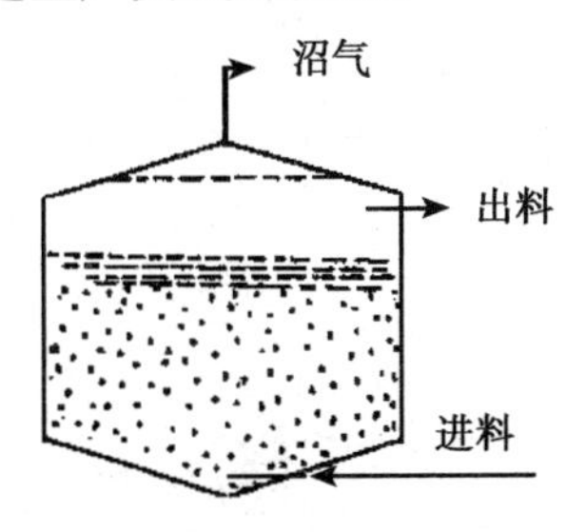

图 9－9　升流式固体消化器示意图

4. 内循环厌氧消化器（IC）

内循环厌氧消化器（Internal Circula—tion），简称 IC。1986 年，由荷兰某公司研究成功并用于生产，是目前世界上效率最高的厌氧消化器。该消化器集 UASB 消化器和流化床消化器的优点于一身，利用消化器内所产沼气的提升力，实现发酵料液内循环的一种新型消化器。

IC 厌氧消化器的基本构造如图 9－10 所示，如同把两个 UASB 消化器叠加在一起，消化器高度可达 16～25 米，高径比可达 4～8。在其内部增设了沼气提升管和回流管，上部增加了气液分离器。当消化器启动时，需投加大量颗粒污泥。运行过程中，用第一反应室所产沼气经集气罩收集，并沿提升管上升作为动力，把第一反应室的发酵液和污泥提升至消化器顶部的气液分离器，分离出的沼气从导管排走，泥水混合液沿回流管返回第一反应室内，从而实现了下部料液的内循环。处理低浓度废水时循环流量可达进水量的 2～3 倍；处理高浓度废水时，循环流量可达进水流量的 10～20 倍。结果使第一厌氧反应室不仅有很高的生物量，很长的污泥滞留期，并且有很大的升流速度，使该反应室的污泥和料液基本处于完全混合状态，从而大大提高第一反应室的去除能力。经第一反应室处理过的废水，自动进入第二厌氧反应室。废水中的剩余有机物可被第二反应室内的颗粒污泥进一步降解，使废水得到更好的净化。经过两级处理的废水，在混合液沉淀区进行固液分离，清液由出水管排出，沉淀的颗粒污泥可自动返回第二反应室。这样废水完成了全部处理过程。

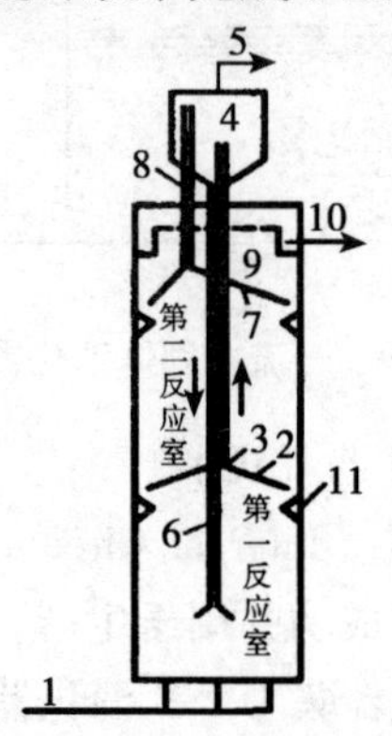

图 9－10　IC 消化器构造原理示意图

1. 进水　2. 第一反应室集气罩　3. 沼气提升管　4. 气液分离器
5. 沼气导管　6. 回流管　7. 第二反应室集气罩
8. 集气管　9. 沉淀区　10. 出水管　11. 气封

与其他形式的消化器相比，IC 消化器具有容积负荷率高、节省基建投资和占地面积、不必外加动力、抗冲击负荷能力强、具有缓冲 pH 值的能力、出水的稳定性好等技术优点。但该反应器不适合高固体悬浮物的物料。

三、附着膜型消化器

这类消化器的特征是在消化器内安置有惰性支持物（又称填料）供微生物附着，并形成生物膜。这就使进料中的液体和固体在穿过填料时，与滞留在生物膜内的微生物充分接触，使消化器在 HRT 相当短时，阻止微生物冲出。这类消化器适用于处理低浓度、低 SS 有机废水。这种类型的消化器主要有厌氧滤器、流化床和膨胀床。后两种消化器仍处于实验室研究阶段。

1. 厌氧滤器（AF）

经多年研究，AF 消化器多以纤维或硬塑料作为支持物，使细菌附着在其表面形成生物膜。当污水穿过生物膜时。有机物被细菌利用而生成沼气。水流方向可以为升流、降流，经生物膜后，可溶性污水快速降解。这种消化器不适用于高 SS 含量的原料，因为它们会很快堵塞该系统。AF 消化器的结构如图 9－11 所示。

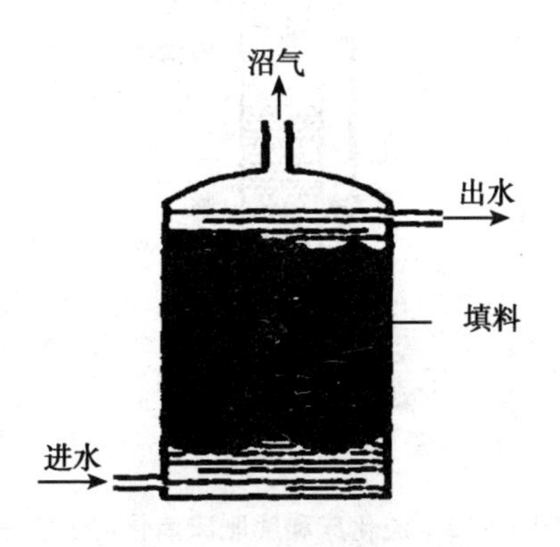

图 9－11　厌氧滤器示意图

AF 消化器的优点是：低操作费用，不需要搅拌；因反应效率较高，可缩小消化器体积；微生物附着在惰性介质上，MRT 相当长，微生物浓度高，运转稳定；更能承受负荷的变化。

其缺点是：填料的费用较多（可达总造价的 60%）；由于微生物的积累，增加了运转期间料液的阻力；易发生堵塞和短路；

通常需要较长的启动期。

2. 流化床和膨胀床（FBR和EBR）

流化床和膨胀床都属于附着生长型生物膜消化器，在其内部，填有像沙粒一样大小的（0.2～0.5毫米）惰性颗粒供微生物附着，例如，焦炭粉、硅藻土、粉炭灰、合成材料等，当有机污水自下而上穿流过细小的颗粒层时，污水和所产气体的升流速度足以使介质颗粒呈膨胀或流动状态。每一个颗粒表面都被生物膜所覆盖，其比表面积可达 $300m_0/m_0$，能附着更多的微生物，形成了更长的MRT，因而使消化器具有更高的效率。流化床和膨胀床消化器示意图如图9－12。

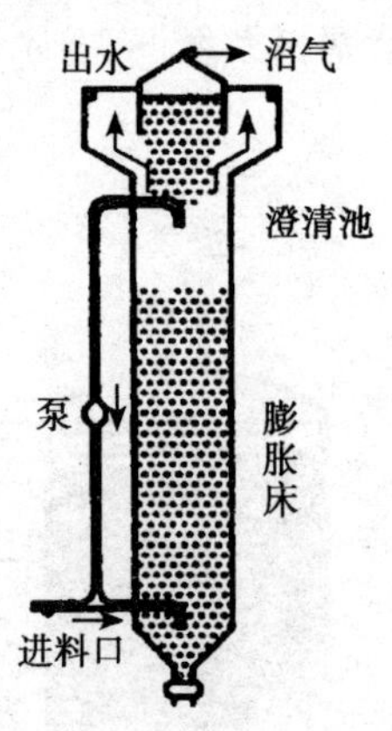

图9－12　流化床和膨胀床消化器示意图

这两种消化器可以在相当短的HRT的情况下，允许进料中的液体和少量固体物穿流而过。它们适用于容易消化的低固体物含量的有机废水的处理。它们有两个特点优于厌氧滤器，一是可为微生物附着提供更大比表面积；二是一些颗粒状固体物可以穿过支持介质。但为了使介质颗粒膨胀或流态化，需要0.5～10倍的料液再循环，这提高了运行过程的能耗，并且要求较高的运行技术，阻碍了其在生产上的应用，因此，这两种工艺研究较多，而实际应用较少。

这两个系统的优点是：有大的比表面积供微生物附着；可以达到更高的负荷；因为有高浓度的微生物，因此，运行更稳定；能承受负荷的变化；在长时间停运后可更快地启动；消化器内，物质混合状态较好。

其缺点是：使颗粒膨胀或流态化需要高的能耗和维持费；支持介质可能被冲出，损坏泵或其他设备；在出水中回收介质颗粒要花更多的经费；不能接受高固体含量的原料；需要长的启动期；可能需要脱气装置从出水中有效地分开介质颗粒和悬浮固体。

第三节　净化、贮存与输配系统

一、沼气的净化

沼气作为一种能源，在使用前必须经过净化处理，使沼气的质量达到标准要求。沼气的净化一般包括沼气的脱水、脱硫及脱二氧化碳。图 9－13 为沼气净化工艺流程。

1. 沼气脱水

根据沼气用途不同，可用两种方法将沼气中的水分去除。

（1）采用重力法。即常用沼气气水分离器的方法，将沼气中的部分水蒸气脱除。

（2）在输送沼气管路的最低点设置凝水器将水分排除。为了使沼气的气液两相达到工艺指标的分离要求，常在塔内安装水平及竖直滤网，当沼气以一定的压力从装置上部以切线方式进入后，沼气在离心力作用下进行旋转，然后依次经过水平滤网及竖直滤网，促使沼气中的水蒸气与沼气分离，而后分离器内的水沿

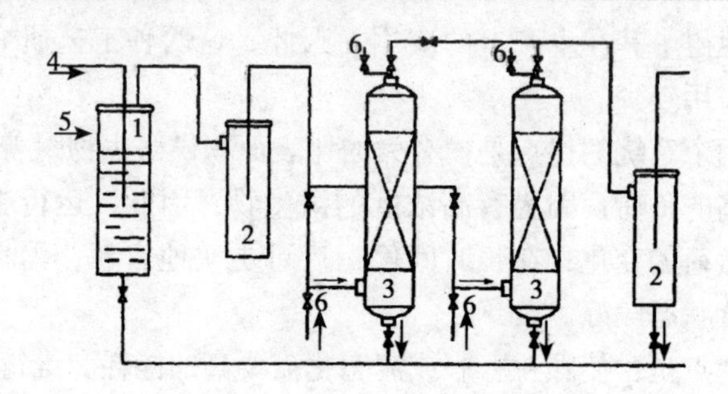

图9-13 沼气净化工艺流程

1. 水封 2. 气水分离器 3. 脱硫塔 4. 沼气入口
5. 自来水入口 6. 再生通气放散阀

内壁向下流动，而积存于装置底部，并定期排除。这种凝水器分为手动和自动排水两种。

2. 沼气脱硫

与城市燃气工程相比，大中型沼气工程的脱硫具有以下几个特点：

（1）沼气中硫化氢的浓度受发酵原料或发酵工艺的影响很大，一般在0.5～14克/立方米，其中，以糖蜜、酒精废水发酵后，沼气中的硫化氢含量为最高。

（2）沼气中的二氧化碳含量一般在35%～40%，而人工煤气中的二氧化碳只占总量的2%，由于二氧化碳为酸性气体，它的存在会对脱硫带来不利影响。

（3）一般沼气工程的规模较小，产气压力较低。因此，在选择脱硫方法时，应尽量考虑便于日常运行管理的技术。所以，在现有的大中型沼气工程中，多采用以氧化铁为脱硫剂的干法脱硫，而很少采用湿法脱硫。但近年来，某些工程也开始试用生物法脱硫。

干法脱硫中最为常见的方法为氧化铁脱硫法。它是在常温下沼气通过脱硫剂床层，沼气中的硫化氢与活性氧化铁接触，生成硫化铁和亚硫化铁，然后含有硫化物的脱疏剂与空气中的氧接触，当有水存在时，铁的硫化物又转化为氧化铁和单体硫。这种硫再生过程可循环进行多次，直至氧化铁脱疏剂表面的大部分孔隙被硫或其他杂质覆盖而失去活性为止。一旦脱硫剂失去活性，则需将脱硫剂从塔内卸出，摊晒在空地上，然后均匀地在脱硫剂上喷洒少量稀氨水，利用空气中的氧，进行自然再生。

二、沼气的贮存

大中型沼气工程，由于厌氧消化装置工作状态的波动及进料量和浓度的变化，单位时间沼气的产量也有所变化。当沼气作为生活用能进行集中供气时，由于沼气的生产是连续的，而沼气的使用是间歇的，为了合理、有效的平衡产气与用气，通常采用贮气的方法来解决。

大中型沼气工程一般采用低压湿式贮气柜，少数用干式贮气柜和橡胶贮气袋来贮存沼气。

1. 低压湿式贮气柜

低压湿式贮气柜属于可变容积金属柜，它主要由水槽、钟罩、塔节以及升降导向装置组成。当沼气输入气柜内贮存时，放在水槽内的钟罩和塔节依次（按直径由小到大）升高；当沼气从气柜内导出时，塔节和钟罩又依次（按直径由大到小）降落到水槽中。钟罩和塔节、内侧塔节与外侧塔节之间，利用水封将柜内沼气与大气隔绝。因此，随塔节升降，沼气的贮存容积和压力是变化的。

湿式储气柜虽有结构简单、容易施工、运行密封可靠的特点，但也存在以下缺点：在北方地区冬季，水槽要采取保温措施；水槽、钟罩和塔节、导轨等常年与水接触，必须定期进行防腐处理；水槽对贮存沼气来说，为无效体积。

低压湿式储气柜由于钢钟罩或塔节在运行中频繁地浸入和升

出水槽，钟罩、塔节表层受大气环境和水槽中含有溶解于水的硫化氢及二氧化碳等介质的侵蚀，加上目前防腐涂料性能及施工质量的影响，其腐蚀速度较单一介质快1/3左右，并使涂料漆膜很快出现老化现象，少则1～2年，多则3～5年，就得进行重新涂刷。

为了防止腐蚀性分子接触柜体基质，必须使用高内聚不透性的涂料，这种涂料能抵抗摩擦、撞击及微生物、水、酸对柜体金属表面的侵蚀。为了长久使用，漆膜还必须具有很强的黏合性，以防老化脱落。近年来，一些单位采用的氯磺化聚乙烯涂料和BMY聚氨酯防水涂料具有上述性能。这两种涂料按一次使用，单位面积用量虽然造价较高，但因其使用年限长，年维修费用远远低于其他防腐涂料，经济效益明显。而且BMY聚氨酯涂料可以在气柜不停产条件下涂刷，对正常供气没有影响。

2. 低压干式储气柜

低压干式储气柜是由圆柱形外筒、沿外筒内面上下活动的活塞和密封装置以及底板、立柱、顶板组成。例如，密封帘干式储气柜，在外筒的下端与活塞边缘之间贴有可挠性特殊合成树脂膜，该密封膜随活塞上下滑动而卷起或放下。在气柜底板及侧板全高1/3的下半部要求气密。而侧板全高2/3的上半部分及柜顶不要求密封，从而可以设置洞口以便工作人员进入活塞上部进行检查和维修。

目前，采用的密封帘多为尼龙车胎作底层、外敷氯丁合成橡胶或腈基丁烯橡胶等材料。此外，还要求密封帘具有较好的机械性能，即耐压缩、耐折坏及在伸长后能恢复原状的性能。干式储气柜经过在活塞上部加重块后，储气压力一般可达6千帕。

三、沼气的输配

沼气作为一种生活能源，向居民供气时，需要输配系统。沼气的输配系统是指自沼气站至用户前一系列沼气输配设施的总称。对于较大工程来说，主要由中、低压力的管网、居民小区的调压器组成。对于小规模居民区或大中型沼气工程站内的供气系统，主要包括低压管网及管路附件。

输气管道在工程建设中占有相当重要的位置，它在输配系统总投资中约占60%，因此，合理选择性能可靠、施工方便、经济耐用的管材，对安全供气和降低工程造价有着重要意义。常用管材有钢管和塑料管两种，沼气管路的设计任务是根据计算流量及规定的压力降来计算管径，进而确定管路的钢管或塑料管的数量和投资，一般可参照城市管道煤气的设计与布置方法。

目前，我国沼气集中供气的管路仍以钢管为主。长距离的钢管埋在地下，由于土壤的腐蚀作用，造成管道外壁的腐蚀、穿孔。而输送含有硫化氢及二氧化碳的湿沼气，又使管道内壁产生强烈腐蚀，其腐蚀速度与沼气在管内的流动状态有关。腐蚀破坏的区域，首先是管道底部，特别是冷凝液聚积的地方。因此，对沼气中的硫化氢及冷凝液及时排除，是减少钢管内壁腐蚀的主要措施。当前，对于埋地钢管，应采取绝缘防腐处理。常用的管道防腐材料有两种，即石油沥青及环氧煤沥青。

第四节　运行管理

由于沼气工程涉及微生物发酵、环境保护、可再生能源生产和利用等领域，技术含量较高，其运行和管理是一项复杂的工作，它要求具有一定科学知识和技术水平的工作人员从事这项工作。工作中，既要严格按照操作规程进行操作，又要根据消化器运行的实际情况，随时进行调控和处理各种可能出现的问题。由于厌氧消化器是沼气工程的关键环节，消化器的维护管理直接关系整个工程正常运行。

一、厌氧消化器的运行管理

启动后厌氧消化系统管理的基本要求，在于通过控制各项工艺条件，使消化器稳定运行。不稳定情况的出现，常常是由于操作人员在控制上的疏忽，例如，进料量过多或过少，温度骤然升高或下降等；或因控制条件以外的原因，例如，停电、停水、进水浓度大幅度波动，进水中混入强酸、强碱、农药、抗菌素等有毒物质。因此，除日常运行坚持正确控制各种运行条件外，还应随时关注消化器内酸化与甲烷化的平衡，及时发现问题并迅速予以纠正。

1. 消化过程中酸化与甲烷化的平衡

酸化与甲烷化的失调，主要因为酸化菌群的繁殖速度远远高于甲烷化菌群的繁殖速度。失调的具体表现有 3 个方面：一是发酵液挥发酸浓度升高，pH 值下降；二是沼气产量明显减少，沼气中二氧化碳含量升高，甲烷含量下降；三是出水 COD 浓度升高，悬浮固体沉降性能下降。上述 3 个方面如能经常进行检查，均可较早发现不平衡现象。经验表明，测定有机酸的组成，可以预报可能发生的事故。在一般情况下，有机酸中是由 95% 的乙酸和 5% 的丙酸组成的，而丁酸和戊酸含量很少。如果丁酸、戊酸含量上升，就预示着设备超负荷。用检查丁酸含量的办法，可以在 24 小时内预告可能发生的事故，这就给操作人员以足够的时间防止事故发生。

根据观察测定，一旦发现不平衡现象发生，就应按以下步骤采取措施：

（1）要控制有机质负荷，保持或调节发酵液的 pH 值，使其在 6. 8 以上。首先要减少进料量以至暂停进料来控制有机质负荷，这样有机酸会逐渐被分解，使 pH 值回升，如果 pH 值已降至 6. 5 以下，则沼气产量严重下降，停止进料后，pH 值仍不能恢复，可加中和剂调整 pH 值至 6.8。这样可以避免不平衡状态的进一步发展，而且还可能使消化作用在短期内恢复平衡。

（2）要确定引起不平衡的原因，以便采取相应措施。如果控制有机质负荷后，短期内消化作用恢复正常，说明不平衡主要由负荷所引起。如果控制负荷并调节 pH 值后，消化作用仍不正常，则检查进料中是否含有毒物质。

（3）要排除进料或消化液中的有毒物质，可用稀释进料的方法降低有毒物质浓度，或添加某种物质使有毒物质中和或沉淀。

（4）如果在 pH 值下降或中毒情况严重，短期内又难以排除时，则应考虑重新启动。

2. 厌氧消化器内污泥滞留量的调节

厌氧消化器内保持足够的污泥量，是保证消化器运行效率的基础。但经较长时间运行后，污泥滞留量过大，不仅无助于提高厌氧消化效率，相反会因污泥沉积使有效容积缩小而降低效率，或者因易于堵塞而影响正常运行，或者因短路使污泥与原料混合情况变差，使出水中带有大量污泥，因此，当消化器运行一段时间后，就应适时、适量地排泥，使污泥沉降的上平面保持在溢流出水口下 0.5～1.0 米的位置。这样既可保证水力运行的畅通，又可使悬浮污泥有沉降的空间。

污泥通常从消化器底部排泥管排出，一般每隔 3～5 天排放一次，每次排放量应视污泥在消化器内积累高度而定。在利用鸡粪进行沼气发酵时，由于原料内砂砾较多，从启动开始就应经常排泥，冲刷排泥管，保证管道畅通，一旦砂砾沉积，再想排泥将十分困难。启动阶段，沼气池内污泥量不足时，排出的污泥经沉砂后可回流到沼气池内。

3. 搅拌的控制

搅拌的目的主要是为了增加微生物与原料的接触机会，在厌氧消化器内，这种作用可通过进料的冲击及产气所形成的搅拌作用来实现。因此，在厌氧消化过程中一般不需连续搅拌，一些沉降性能良好的原料，则不需要搅拌。一些易悬浮并生成结壳的原料则需每天定时搅拌几次以打破结壳，并使浮渣逐渐分解而沉降。

4. 厌氧消化器的停运与再启动

因检修或因季节性生产等限制，厌氧消化器可能会在一段时间内停运，这种停运对厌氧消化性能的保持并无多大影响。因在停运条件下厌氧污泥的活性可以保持一年或更长的时间。

在停运期内，应使消化器内发酵液的温度保持在4～20℃。据观察，在此温度范围内保存的污泥，重新启动时，经1～3天就可以恢复到原有的性能；倘若在接近冰点的温度下保存污泥，则会使污泥活性受到影响，待消化器再启动时，就不能在短期内恢复原有的效能。此外，在停运期间，还应设法使出料口及导气管保持封闭，以维持消化器的厌氧状态。

停运后的消化器再启动时，一般只需恢复消化器的运行温度，并根据运行状态逐步提高负荷，则在短时间内就能达到停运前的效能水平。

二、消化器的维护

沼气池及所有附属机械设备、计量仪表和电器，除临时维修外，都应当分别制定大修周期，按规定周期进行大修。

沼气池每隔3～5年有计划地清扫检修一次，事先应做好存放厌氧活性污泥的池子，以便检修后及时将活性污泥返回到沼气池内，这样可以大大缩短维修后的再启动时间。大修时，将污水、污泥、浮渣、沉渣和底部泥砂清扫干净，进行防腐、防渗、防漏处理，最后按沼气池试漏规定，验收合格后，才能重新进料，开始继续运行。

第十章　生活污水净化沼气池

近年来，随着乡村的城镇化，生活污水超标排放，对水体造成了严重污染。当前，环境保护工作已被列入各级政府的议事日程，并备受重视，一大批以排放工业有机废水为主的企业受到限期治理的制约而采取了治污措施。但是，要想从根本上解决污染的问题，城市及农村生活污水的净化处理是必不可少的。

城市生活污水，国外多以集中修建城市污水处理厂为主要方式进行处理。在国内，由于受到资金的制约，只有少数大中城市修建了污水处理厂，而对于大多数中小城镇和农村来说，由于国家没有大量的资金投入，因此，选择技术成熟、造价低廉、操作简单、效益显著的生活污水净化沼气池来进行分散处理，是一条既保护环境，又开发能源的切实可行的途径。1990 年，由中国沼气学会和中国市政工程西南设计院主编，并经农业部、全国爱国卫生运动委员会和建设部批准的通用标准设计，给水排水试用图集《生活污水净化沼气池》正式出版，图集号 90SS—1，1991 年 5 月推广全国实行。

第一节　用途与功能

一、主要用途

生活污水净化沼气池是分散处理生活污水的新型构筑物，适用于近期无力修建污水处理厂的城镇或城镇污水管网以外的单位、办公楼、居民点、住宅、旅馆、学校和公共厕所等。研究表明，冬季地下水温能保持在5～9℃以上的地区，或在池上建日光温室升温可达此温度的地区，均可使用该净化池来处理生活污水和粪便。

二、功能与特点

生活污水包括厨房炊事用水、沐浴、洗涤用水和冲洗厕所用水，特点有3个：一是冲洗厕所的水中含有粪便，是多种疾病的传染源；二是生活污水浓度低，其中干物质浓度为1%～3%，COD（COD是化学耗氧量的简称，指在一定条件下，水中的有机物与强氧化剂重铬酸钾作用时所消耗的氧的量。BOD是生化耗氧量的简称，指水中有机物质在行氧条件下被微生物分解所需要的氧气量。COD和BOD是目前国际上普遍应用的用来间接表示水中有机物浓度的指标，单位均为毫克/升）浓度仅为500～1 000毫克/升；三是生活污水的可降解性较好，BOD/COD为0.5～0.6，适用于厌氧消化制取沼气。生活污水净化沼气池是根据生活污水的上述特点，把污水厌氧消化、沉淀过滤等处理技术融于一体而设计的处理装置，生活污水净化沼气池的性能明显优于通常使用的标准化粪池，经处理的出水水质要求：粪大肠菌群值≥10^{-4}，寄生虫卵数0～5个/升，$BOD_5 < 60$毫克/升，COD < 150毫克/升。SS < 60毫克/升，色度 < 100，pH值6～9，经调查处理后的生活污水水质$BOD_5$50毫克/升，粪大肠菌群值 > 10^{-4}，寄生虫卵数0.565～1.074个/升，均达到国家标准所规定的粪便无害化标准。并且净化沼气池的出水中无蚊蝇孳生。每10～12户家庭的生活污水所产生的沼气，可供一户用作炊事燃料。

第二节 池型结构与工作原理

生活污水净化沼气池的工艺流程如图 10-1 所示，它是一个集水压式沼气池、厌氧滤器及兼性塘于一体的多级折流式消化系统。粪便经格栅去除粗大固体后，再经沉砂池进入前处理区 1，在这里粪便进行沼气发酵，并逐步向后流动，生成的污泥及悬浮固体在该区的后半部沉降并沿倾斜的池底滑回前部，再与新进入的粪便混合进行沼气发酵。清液则进入前处理区 2，在这里与粪便以外的其他生活污水混合，进行沼气发酵，并向后流动经过厌氧滤器部分，附着于填料上生物膜中的细菌将污水进一步进行厌氧消化，再溢流入后处理池。前处理区 1 和前处理区 2 都是经过改进的水压式沼气池，后处理区为三级折流式兼性池，与大气相通、上部装有泡沫过滤板拦截悬浮固体，以提高出水水质。

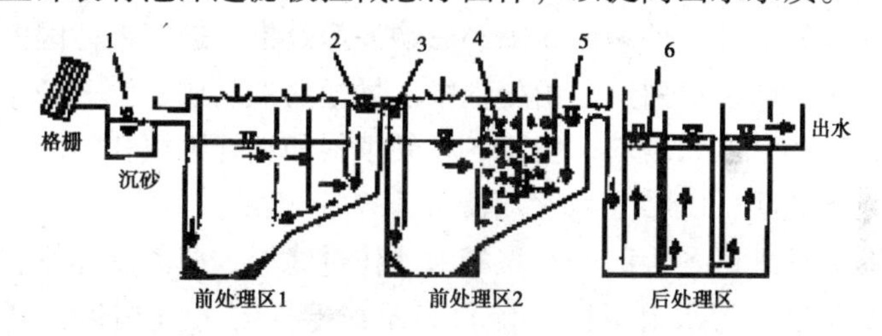

图 10-1 生活污水净化沼气工艺流程示意图

1. 粪便污水 2、5. 水压间 3. 其他生活污水 4. 软填料 6. 泡沫板

根据粪便污水和其他生活污水管道为分流制或合流制，将污水流程分成两种。

一、分流制

适用于粪便污水和其他生活污水分流的污水处理，污水流程如下：

其他生活污水→格栅截流井→沉砂井

↓

粪便污水→格栅截流井→沉砂井→前处理区1（40%）→前处理区2（30%）→后处理区（30%）→排放或接好氧处理。

格栅截流井主要功能是去除体积较大的渣滓，例如，布条、动植物大型残体、塑料制品、砖瓦碎片等。格条间隙1～3厘米为宜。沉砂砾井可去除较小颗粒的渣滓，如砂、炉渣之类。截流井方形、矩形、圆形均可。

前处理区1功能是截流粪便。特点是把粪便污水中的有机质厌氧发酵，并把粪便污水和其他部分污水分开处理，以延长粪便在装置中的滞留时间。

前处理区2功能是处理生活污水中的其他部分和来自前处理区1已处理过的粪便污水。因污水量较多，在该区内挂有填料作为微生物的载体，发挥厌氧接触发酵的优势。由于软纤维填料扑膜后容易结球，使表面积缩小影响处理效果。近年来，国内研究生产了半软性填料，是由变性聚乙烯塑料丝制成，为一种具有一定弹性的管刷状填料。由于各种硬填料和软纤维填料的应用，使用效果表明，COD去除率可提高10%～25%。

后处理区各段间安有聚酯泡沫作过滤层，截流悬浮物，提高出水水质，污水由下向上流过，不淤塞，与大气相通，属兼性发酵。

二、合流制

室内污水管道为合流制的污水流程如下：

生活污水→格栅截流井→沉砂井→前处理区60%→后处理区40%→排出或接好氧处理。

如建池地点有地形可利用，或沼气净化池排入的水体对氮、磷有要求时，在本流程后接好氧处理，可使工艺流程更完善。具体做法是：如地形有高差可利用，则再加一级好氧生物滤池（淌滤池），可用碎石、炉渣为添料。当所排入的水体对氮、磷有要求时，应后接氧化塘处理，塘内种植水葫芦（水风信子），以吸收污水中的氮和磷。

三、工艺参数

生活污水净化沼气池设计依据为每天所处理的污水量，污水量按100升/（人·日）左右计算，其中，冲洗厕所用水量按20～30升/（人·日）计算，其他生活污水量为70～80升/（人·日）。

生活污泥量取0.7升/（人·日），单纯粪便污泥量为0.4升/（人·日），1立方米污泥产沼气量为15立方米左右。

污水滞留期为1～3天，污泥清掏周期为200～250天。

四、容积计算

可采用标准化粪池容积计算的方法，来计算净化沼气池前处理区的容积。生活污水的组成有污水和污泥两部分，计算公式的前部分为污水，后部分为污泥，计算公式如下：

化粪池容积（立方米）＝实际人数×人均用水量/日×污水停滞时间（小时）/24×1 000＋人均污泥量/日×实际人数×污泥周期（1－鲜污泥含水率）×污泥发酵后体积缩减率×清掏后残余污泥的容积系数/（1－发酵污泥含水率）×1 000

式中，实际人数：①全托的幼儿园、医院、疗养院按100%；②住宅、旅馆、集体宿舍，人员逗留在16小时的按70%；③办公楼、教学楼、工厂企业的生活间等工作场地按40%；④公共食堂、影剧院、体育场，人员逗留2～3小时的按10%；⑤车站、码头、街道按流动人口的3%。

生活污水量：生活污水量按100升（80～130升）/（人·

日）。

厕所粪便冲水量按30升/（人·日）。

污泥量：生活污水（包括粪便）0.7升/（人·日），粪便0.4升/（人·日）。

滞留期：24～72/小时。

清掏污泥周期：根据冬天最低污水温度而定，最短不少于200天，鲜污泥发酵所需时间见表10－1。

表10－1　鲜污泥发酵所需时间

当地冬季最低污水温度（℃）	6	7	8.5	10	12	15
鲜污泥发酵所需天数（天）	210	180	150	120	90	60

鲜污泥含水率：95%。

发酵后污泥含水率：90%。

污泥发酵后体积缩减度：0.8。

清掏后残余熟污泥量的容积系数：1.2。

前处理的容积确定后，后处理各段容积之和与前处理相等（或相近），因此，污水的滞留期实际是48小时。

据有关资料介绍，住宅标准化粪池污水滞留期是根据以下情况来考虑的：①生活污水中悬浮物的沉降率在2小时以内最显著；②生活污水的排出是不均匀的；③矩形化粪池的长、宽、深比例很难达到平流式沉淀池的水力要求；④进水、出水水流分布不均匀，池底污泥酸性发酵后，随气泡上浮而破坏水流的层流状态；⑤综上所述，将理论上的沉淀时间适当加大，保证最大小时流量在池内停留时间不少于12小时，甚至为了保证出水水质的较高要求，把滞留时间延长为24小时。人均用水量低（30～80升）的滞留期可延长为72小时。沼气池是在标准化粪池的基础上改进的，把一级处理（物理处理）变为了二级处理（物理和生物处理），因此，容积适当加大是有必要的，如把容积扩大，就要增加造价，或降低构筑物质量，这样都将影响生活污水净化沼气池的推广。因此，要从容积小、效果好的角度来考虑设计。

第三节　运行及管理

一、日常管理

合理设计、可靠施工、精心管理是确保生活污水净化沼气池正常运行的3个主要环节。其中，日常管理工作必须做到以下几点：

（1）凡推广生活污水净化沼气池的地方，应实行专业化施工和承包管理，以保证正常运转。

（2）建立工程档案和管理记录。

（3）每年清掏污泥1次。

（4）每4～5年更新聚氨酯过滤泡沫板，每10年更新软填料（半软填料可不更换）。

（5）注意安全，避免发生火灾、窒息事故。

（6）严禁有毒物质，如电石、农药或家用消毒剂、防腐剂、洗涤剂等入池。医院污水的处理要增加消毒设施，其他生活污水的出水在必要时或季节性地进行消毒。

（7）卫生防疫站和环保监测站对出水要定期进行监测，对出水水质达不到标准的工程，要进行改造，或更新填料，或更换过滤泡沫板。

（8）防止机械损伤池体。一防超过设计负载的车辆驶上池面，二防出料、更换填料等操作过程中对池壁的机械损伤。

（9）进料防堵塞。要由专人负责清除预处理池中的各种杂物（砖头、石头、玻璃、金属、塑料等），并注意防止进口因杂物和料液干枯结壳而堵塞进料口管。

(10) 安全用气防事故。净化池所产沼气应尽可能收集利用。用户应按照沼气使用操作规程安全用气。严禁将输气管道堵塞或放在阴沟里。

二、注意事项

1. 池型选择

城镇比邻房屋多，地势狭窄，因此，池型要根据地形来定，可为圆形、矩形或不规则形等。

2. 池址选择

①建池地址应选在管理时方便采用机械抽运清掏污泥的地方；②与主体建筑物的距离，是以沼气净化池埋置的深度来定的，如池深要超过主体建筑物基础的深度时，按主体建筑物基础深度与沼气净化池埋置深度之差的 1 倍或 2 倍，来决定两者间隔的距离。土质差的还要从配筋和材料上来加以考虑。

3. 管道设置

沼气净化池前、后处理均要设计有利于清掏污泥的管道(也可用导向管代替除污泥管)。

4. 出水口水平高度

首先，要求主体建筑室内外地平差为600 毫米以上，主体建筑的排水管排出口在室外地平下不宜埋置太深；其次是确定前处理水压间溢水口的水平高度，溢水口的下缘应在前处理顶部(贮气箱顶) 下 5 ~ 10 厘米处；后处理流入下水道处的出水口下缘，又比溢水口低 5 ~ 10 厘米，使处理后的污水不返流回到前一段处理中去。这样，才能保证达到沼气净化池全年排水畅通。

5. 医疗污水净化沼气池的设计

设计医疗净化沼气池时，其污水量要包括病员洗浆房所用的污水。在后处理的末端要建计量池和接触池。污水在接触池中要进一步做消毒处理（即污水的三级处理），以达到杀灭病原菌的作用，常用的消毒剂有次氯酸钠、液氯、漂白粉和臭氧等，因这些消毒剂是强氧化剂，因此，接触池的表面要涂一层沥青。经处理后的污水，要达到《医院污水排放标准》CBJ48-83 中的有关规定，才能排放。

第十一章　沼气、沼液、沼渣综合利用

第一节　沼气的利用

沼气是一种混合气体，其中，含有55%～70%的甲烷、40%左右的二氧化碳，还含有少量的一氧化碳、氢、氨、硫化氢、氧和氮等。沼气作为优质气体燃料，除可用于煮饭、照明外，还可广泛应用于发电、孵鸡、育蚕、烘干等生产领域。

一、沼气炊事

（一）沼气灶具的使用方法

1. 电子点火沼气灶　将沼气灶接通气源，检查各接头是否漏气。使用时，先把开关向里压，然后逆时针转动，听到“咔嚓”一声点火声，灶具已点着火，当开关旋扭转到90°时，燃烧器的火焰处于最大负荷状态，向左转到180°火焰处于最小负荷状态。燃烧时，发现黄烟、火焰无力等现象，可以调节风门板，当火焰呈蓝色，直观外焰和内焰火有明显区别，并发出低沉的呼呼声为最佳运行状态。炊事完毕，把气源开关关闭，然后再把灶具开关转到原来位置上。灶具使用后要用软布擦净，保持清洁美观，支锅架和火孔板可取下来清洗，放回时注意密合。

2. 普通沼气灶　使用时，沼气压力大，阀门要关小；沼气压力小，阀门要开大。不宜超压运行，这样会导致火太大跑出锅外，浪费热能。正常工作时，风门要开足，除脱火、回火或个别情况需要暂时关小一下风门外，其余时间应开足风门，否则，燃烧不完全，火焰温度低，既浪费气体，又增加烟气中一氧化碳含量，污染环境。特别是新购置的灶具，必须经过试烧后，再固定喷嘴位置。当沼气灶具放在灶膛内使用时，沼气灶应打成保温灶，锅底至火孔的距离约为15毫米，过高或过低都将影响热能的利用。沼气灶使用一段时间以后，头部火孔应清洗，使其保持原火孔的大小。否则，将影响空气的供给。

3. 沼气灶具的故障排除

（1）火苗大小不均匀或有波动

①故障原因。燃烧器堵塞或者燃烧器放偏了，或喷嘴没有对中造成的；在输气管道或灶具里面积存了冷凝水。

②排除方法。清除燃烧器的障碍物，修整燃烧器；打开排冷凝水的开关，排除输气管道内的冷凝水；将灶具翻转过来，倒出里面的积水。

（2）火焰脱离燃烧器

①故障原因。喷嘴堵塞，沼气灶前压力太高，一次空气过多；沼气中甲烷含量减少，热值降低。

②排除方法。提高灶前压力，关小调风板；清除喷嘴里的障碍物；调节沼气发酵液的酸碱度，在沼气池里添加产气好的新原料，提高沼气中的甲烷含量。

（3）火焰长而弱，东飘西荡

①故障原因。供应的沼气太多，空气太少，沼气燃烧不完全。

②排除方法。关小沼气阀门；调节空气供给量，开大调风板；转动喷嘴调至产生短而有力的浅蓝色火焰。

（4）灶具外圈火焰脱火

①故障原因。灶具使用一段时间后，火盖上的火孔被堵塞，火孔面积相对减少，造成一次空气引射不足。

②排除方法。翻转灶具轻振火盖，或用细铁丝穿通被堵塞的

火孔；不能恢复原状的，应更换新火盖。

（5）灶具安在灶膛内，火焰从炉口窜出

①故障原因。炉口过小，一次空气供给不足，烟气排除不畅。

②排除方法。加大炉口尺寸，用适当锅号，使锅与灶膛锅圈有一定间隙，使烟气能排出。

（二）注意事项

（1）选购沼气灶具时，要选择符合国家标准的，经过专家技术鉴定的优良产品。

（2）使用沼气灶要远离易燃物品。

（3）根据沼气质量，调节风门大小，避免不完全燃烧。

二、沼气灯照明

沼气灯具是把沼气的化学能转变为光能的一种燃烧装置，是广大农村沼气用户主要的沼气用具之一。特别是电力供应紧张、经常停电的农村，用沼气进行照明，其优越性尤为显著。

（一）*沼气灯的使用方法*

1. 沼气灯的使用

（1）新灯使用前，应不安纱罩进行试烧，如火苗呈淡蓝色，短而有力，均匀地从泥头孔中喷出，呼呼发响，火焰不离泥头燃烧，无脱火、回火等现象，表明灯的性能好，即可关闭沼气阀门，待泥头冷却后安上纱罩。

（2）新纱罩初次点燃时，要求有较高的沼气压力，以便有足够的气量将纱罩烧成球形。已燃烧发好的纱罩，点灯时，启动压力应徐徐上升，以免冲破纱罩。

（3）点灯时应先点火后开气，待压力升至一定高度、燃烧稳定、亮度正常后，为节约沼气，可调节开关，稍降压力，其亮度仍可不变。灯若久燃还不亮，可反复调整空气，用嘴吹纱罩，可使燃烧正常，灯光发白。

2. 沼气灯的故障排除

（1）若纱罩外层出现蓝色飘火，经久不消失，是带进的空气不足，应将灯盘顺时针方向旋转，逐渐加大空气进气量，调至不见明火，发出白光，亮度最佳为止。调节后，如仍出现飘火，这是喷嘴孔径过大，应更换孔径小的喷嘴。

（2）若纱罩不发白光而呈红色时，是因为沼气太少或空气太多，应将灯盘反时针方向旋转，逐渐减少空气进气量，调至灯发白光，亮度最佳为止。调节后，仍出现红火，应更换孔径大的喷嘴。

（3）灯不发火或灯光不稳。灯不发火，是喷嘴堵塞，取下喷嘴，用缝衣小针扎通；灯光一亮一暗，是输气管中积水较多或管道不畅通，可打开排冷凝水的阀门，排除管道内的冷凝水或疏通管道。

（4）有时燃烧处于良好状态，而灯不发白光，这是纱罩质量不佳或收藏时间过长而受潮的缘故。

（5）纱罩外燃烧，灯光发红，调节无效，属沼气灯结构不合理，可能是因为引射器太短、喷嘴孔过大或不同心、烟气排除不良或泥头破损或纱罩未扎牢，应选用结构合理的沼气灯。

（二）注意事项

（1）选购沼气灯具时，要选择符合国家标准的，经过专家技术鉴定的优良产品。

（2）使用沼气灯要远离易燃物品。

（3）根据沼气质量，调节风门大小，提高亮度。

三、沼气供热孵鸡

沼气孵鸡是以燃烧沼气作为热源的一种孵化方法。它具有投资少、节约能源、减轻劳动、管理方便、出雏率和健雏率高等优点。

（一）操作方法

1. 种蛋处理 先对孵化箱和种蛋进行消毒灭菌处理。如果气温低于15℃，需点火预热种蛋。先用温水洗净，然后放入35~40℃、0.1%的高锰酸钾溶液中浸泡消毒10分钟，待蛋皮水干后，按照大头朝上，小头朝下，装入蛋盘，以便雏鸡破壳，然后将蛋盘放入孵化箱架进行孵化。

2. 温度控制 温度是有机体生存的重要条件，它决定胚胎的生长发育和活力，只有在适宜的温度下，才能保证雏鸡胚胎正常的物质代谢和生长发育。在种蛋的孵化过程中，温度需由高到低变化。种蛋放入箱内孵化1~5天，箱内温度保持40℃；孵化6~10天，保持39℃，孵化11~18天，保持38℃；孵化18~21天，温度控制在37℃左右。开始孵化和孵化后期，应勤查勤调。调节温度的方法是：开大或关小输气管道开关，调整火苗大小。温度高时，可向水箱内加换冷水，并打开通气孔和箱门散热，或者把蛋盘端出箱外适当凉蛋；温度低时，开大沼气开关，并给水箱加入温度较高的热水，同时，尽时少开箱门。

3. 湿度控制 湿度对胚胎发育影响也很大，湿度不适宜将破坏胚胎的新陈代谢。湿度过高，会阻滞蛋中的水分向外蒸发并影响胚胎的发育，小鸡出壳后，腹部膨大，站立不稳，成活率低；湿度过低，则使蛋中的水分蒸发过量，胚胎发育超前，小鸡出壳后，体质瘦弱，难以成活。孵化前期，箱内的相对湿度应控制在60%左右，孵化中期为55%左右，孵化后期为70%左右。调节湿度的方法为：湿度大时，减少水箱上面的水钵；湿度小时，可增加水箱上面的水钵。

4. 孵化检验 孵化初期，一般每隔2小时检查一次温度，4~6小时调换一次蛋盘，调盘采用上下、前后、左右对调，其目的是调节温度，促使箱内温度均匀，防止胚胎黏附在壳膜上，达到雏鸡出壳整齐。每隔 8 小时左右，将种蛋的角度略微倾斜，进行翻蛋。翻蛋可结合调盘进行，但不宜将种蛋倒置。孵化 5 ~ 6 天后，进行第一次照蛋，若明显看到眼点，血管已占据蛋面的 4/5，说明种蛋发育正常，否则，为不正常。应将不合格种蛋拣出；孵化 10 ~ 11 天后，进行第二次照蛋，可见到血管分布于整个蛋内，并在小头“合拢”，说明温度正常。如果“合拢”较早，说明温度偏高；如果“合拢”较迟，说明温度偏低，必须采取措施升温或降温，不然会影响出雏率和健雏率；孵化 17 天后，进行第三次照蛋，这时，除气室外是全黑的，叫做“封门”。如果孵化 16 天就“封门”，应降低温度，到第 18 ~ 19 天时可喷上一次水，促进雏鸡脱壳。正常情况下，第 21 天就可以出雏。蛋少时，可在箱内脱壳出雏；蛋多时，应在第 17 天摊床出雏。

5. 雏鸡管理　雏鸡脱壳，其羽毛干后，分批装入垫有干稻草的筐内。夏季饲养 2 ~ 3 天后，就可将小鸡移出；冬季保持温度 20℃左右，饲养 20 ~ 30 天后，移出饲养。

（二）注意事项

（1）控制好温度和湿度，不能忽冷忽热。

（2）加强检验，及时将不合格种蛋拣出。

四、沼气升温育雏鸡

初生雏鸡调节机能、觅食能力和对自然环境的适应能力较差。因此，要饲养好雏鸡，首先必须要有一个比较适宜的温度条件，以利生长发育。沼气灯具有亮度大、升温效果好、调控简单、成本低廉等优点。用沼气灯升温育雏鸡，能使雏鸡生长发育良好，成活率高。

（一）操作方法

利用农家的竹、木筐垫上干稻草育雏鸡，或选择一些废旧纸箱育雏鸡，其大小视雏鸡的饲养量而定。将沼气灯吊在育雏筐（箱）上方，其间距离0.65米左右。灯位太高，升温效果差；灯位太低，会灼伤雏鸡。点燃沼气灯后，要控制好输气开关，并按照雏鸡的日龄进行调温。第一周龄的雏鸡，适宜34～35℃的温度；第二周龄，温度应控制在32～33℃；第三周龄，温度应控制在28～30℃；第四周龄，温度应控制在25℃左右；1个月后，雏鸡就可在室外活动了。对1～2日龄的雏鸡，应采用沼气灯24小时连续光照，随着雏鸡日龄增加，在保持一定温度要求的前提下，光照时间应逐渐缩短。

（二）注意事项

1. 通风换气　沼气灯长时间燃烧，会产生一定量的废气，一般可在中午温度高时，进行通风换气，并视雏鸡情况，让其在阳光下活动，呼吸新鲜空气，以增强雏鸡体质。

2. 精心喂养　出壳24小时后的雏鸡，可开始喂一些容易消化的饲料。可将饲料弄碎，然后拌湿再喂，并让雏鸡尽快学会自由采食。3天以后，每天喂食5～6次，以后喂食次数逐渐减少，并可配合喂一些1%浓度的食盐水。

3. 防疫防病　及时接种鸡瘟疫苗，不喂发霉变质的饲料，育雏筐（箱）和鸡舍要保持清洁卫生。

五、沼气加温养蚕

在春蚕和秋蚕饲养过程中，因气温偏低，需要提高蚕室温度，以满足家蚕生长发育。传统的方法是以木炭、煤作加温燃料，一张蚕种一般需用煤40～50千克，其缺点是成本高，使用不便，温度不易控制，环境易污染。在同等条件下，利用沼气增温养蚕比传统饲养方法更能提高产茧量和蚕茧等级，增加经济收入。

（一）操作方法

（1）用木板或纸板做一个炕床，尺寸规格视蚕种量多少而定，炕床底部留一直径20厘米的圆孔，供放置沼气红外线炉用，炕床下面设一个高30厘米的木架子，床的四周用塑料薄膜封闭，衔接处要黏接好，顶上留一个小孔，放置温度计。

（2）在蚕房墙角处用塑料帐篷代替小蚕温室，将炕床放在里面，入种前将温度升高到25℃左右，然后将蚕种均匀地铺放在炕床上，上面盖棉纸。

（3）加温前准备。首先将沼气管道、灯炉具拿入蚕室，并认真检查管道开关有无破损，蚕室必须严格消毒，而且其保温性能要好。

（4）加温方法。白天采用红外线沼气炉，晚上用沼气灯加温，沼气炉距离最近的蚕架应当在0.8米以上。炉子上可以做饭烧水，这样有了蒸汽，相应增加了温湿度，但绝不能炒菜。炉上不做饭不烧水时，应在炉盘上覆盖铁皮，一间12平方米的蚕室只要一灯一炉即可。

（5）温度控制。1～2龄蚕温度控制在26～27℃，相对湿度75%～80%；5龄蚕温度控制在23～25℃，相对湿度60%～70%，并要经常通风。

（二）注意事项

（1）沼气灯长时间燃烧，会产生一定量的废气，可在中午温度高时，进行通风换气。

（2）注意监控养蚕室的温度和湿度变化。

六、沼气升温育秧

温室育秧是解决水稻提早栽插，促进水稻早熟高产的一项技术措施。目前，多数温室都是用煤炭或薪柴作升温燃料，因此，每年育秧要耗费大量的煤炭或薪柴，育秧成本较高。利用沼气作为育秧温室的升温燃料，培育水稻秧苗是沼气综合利用的一项新技术，其具有设备简单、操作方便、成本低廉、易于控温、不烂种、发芽快、出苗整齐，成秧率高，易于推广等特点。

（一）操作方法

（1）浸种、催芽。培育早稻秧苗，最好先用沼液浸种。沼液浸种，一方面能增加种子的营养，促使其胚根、胚茎组织内的淀粉酶活化，提高发芽力；另一方面也可以增强种子的抗逆性，减少病害。

（2）温度调控。把已播上谷种的秧床放到秧架上，在秧棚内的两端各挂一支温度计，然后将塑料薄膜与地面接触的边缘用泥砂土压实。向锅内倒满热水，点燃沼气炉，关闭小窗口。出苗期要求控制好较高的温度和湿度，以保证出苗整齐。第一天，育秧棚内温度保持在应35～38℃；第二天保持在32～35℃，每隔一定时间，向谷种上喷洒20～25℃的温水，并调换上下秧笆的位置，使其受热均匀，还要随时注意向锅内添加开水，以防烧干。经过35～40小时，秧针可达2.7～3厘米，初生根开始盘结；第三天保持在30～32℃，湿度以秧苗叶尖挂露水而根部草纸上不渍水为宜；第四天保持在27～29℃；第五天后保持在24～26℃。当秧苗发育到2叶1心时，就可移出秧棚，栽入秧田进行寄秧。

（二）注意事项

（1）播种前对谷种进行精选、晾晒和消毒处理，以保证种子纯净、饱满、无病，为培育壮秧提供良好的条件。

（2）采用沼液浸种后，一定要用清水将谷种洗净，以防烂芽。

（3）育秧棚内的温湿度，不能过高或过低，温度第一天应达到38℃，然后缓慢下降，到第五天时应保持在25℃左右，这样可以避免谷种营养物质消耗过快，秧苗纤细瘦弱。同时，要始终保持谷种和草纸的湿润。

(4) 根据谷种的播种量，确定育秧棚的大小。

(5) 加强沼气池的管理，以保证育秧棚内正常使用沼气。

七、沼气储粮

沼气是一种混合气体，它的主要成分为甲烷、二氧化碳等，是单纯性窒息性气体。当密闭容器里沼气达到一定浓度后，就会形成一种窒息环境。利用这一机理，向储粮装置内输入过量沼气，并停止一段时间，害虫就会因缺氧窒息死亡，从而达到安全储粮的目的。沼气贮粮防虫的具体办法有过滤法和充气法两种。

(一) 过滤法

用一只普通大口坛子，用一块木板做成瓶塞式的坛盖子，盖子上面钻两个孔，孔的大小以插进沼气输气管为宜，进气管用2米长的塑料管，一头装上开关，连接在气压表的出气管上，另一头穿过坛盖的孔洞，通向坛子底部，再盘上一圈，并在这圈管子上用大针烧红将管子钻若干小孔，再将管头塞闭，以便输进的沼气通过这些小孔往坛内均匀地放出来。坛盖上的另一孔安装排气管，用1米长的塑料管，一头插进盖孔的里面，并与坛塞里面向平，一头接通沼气灯、灶具，经过上述安装，使管道、开关、装粮的坛子和灯具连续相通。将坛子装满粮食，把坛口进排气孔的缝隙用石蜡密封。也可用塑料布代替木板盖，用黏土代替石蜡，用铁丝把塑料布在坛口上扎紧，用橡胶布把进出气管缝隙粘住，然后输入沼气，使排气管放出的气体可以燃烧为止，经过3~5天连续通气，坛内害虫即可全部杀死。

使用时，可以将几个坛子串联起来，同时处理大批粮食，也可以用能装几百斤的大缸，用塑料布作封盖，过滤更多的粮食。

(二) 充气法

充气法的操作方式与过滤法大致相同，不同的就是定时间下坛内输送沼气并使其充满，杀虫效果也很好。实践证明，在相同条件下，小麦不通沼气处理，可贮存4个月，危害率为16%~18%，经过沼气处理5天以上，危害率下降为0.2%~0.4%；绿豆不通沼气处理危害率为59%~60%，经沼气处理5~7天，危害率下降为0.2%~0.3%。用沼气贮粮，经济效果好，对粮食无污染，对人体健康无影响，而且不降低粮食品质。

八、沼气种植大棚蔬菜

二氧化碳是植物进行光合作用的重要原料。沼气中约含有35.7%的二氧化碳，61.9%的甲烷，甲烷燃烧又可产生二氧化碳，也就是说1立方米沼气可产生将近1立方米的二氧化碳。在塑料大棚里，利用沼气制取二氧化碳，供黄瓜、番茄等生长之用，可使黄瓜增产28.4%，番茄增产22%。

（一）机理

（1）沼气燃烧不但会放出二氧化碳气体，还会释放出一定量的热量，可增加棚温，缩短作物生长期。

（2）沼气燃烧产生二氧化碳，可促进作物光合作用，增加干物质的积累；利用LI—6200光合测定系统，测定黄瓜叶片在不同的二氧化碳浓度时，其光合速率有很大差异。在温度基本相同的情况下，光合有效辐射为280~450微摩尔/平方米·秒，二氧化碳浓度为160×10^{-3}毫升/升时，黄瓜叶片的净光合速率为2.6微摩尔/平方米·秒；当二氧化碳浓度瞬间提高到$800 \times 10^{-3} \sim 900 \times 10^{-3}$毫升/升时，净光合速率可达13.98微摩尔/平方米·秒，后者是前者的5.4倍。

（二）具体做法

（1）按每亩（1公顷=15亩）地六盏沼气灯的比例，在已定植的大棚内安装沼气灯或每平方米放置一个沼气炉。沼气灯的加温方法就是点燃。使用沼气灯特点是省气，可增加光照。用沼气炉加温的方法是在炉上煮开水，利用水蒸气加温，这种方法的特点是升温较高，二氧化碳提供量大。

（2）在栽黄瓜、番茄的大棚内，早上日出时在大棚内燃烧沼气，二氧化碳浓度控制在 $1\ 100 \times 10^{-3} \sim 1\ 300 \times 10^{-3}$ 毫升/升，共施二氧化碳气肥 7 周左右，棚内温度控制在 28℃，不能超过 30℃，若棚内温度超过 32℃，则熄灭沼气灯，开棚通风换气，棚内湿度控制在 50%～60%，晚上可以高些，但也不能超过 90%。

（3）提高沼气池冬季产气量，保证加温用气。在 10 月中旬，多投发热性或易分解的原料入池，如稻草、玉米秸、麦秸草等，拌和猪粪，粪草比为 3.5∶1。有条件的，可加些牛粪、马粪、酒糟、蚕粪、豆腐房下脚料等，提高产气率。

（三）注意事项

（1）沼气点燃时间过长，棚内温度过高，对作物生长不利，因此，点燃沼气释放二氧化碳必须在凌晨气温较低时进行，当棚内温度超过 30℃时，应立即停止。

（2）适时增施追肥。通入二氧化碳的大棚蔬菜，由于促进了生长发育，蔬菜容易早衰。为保证前期增产，中、后期不早衰，施肥一个月后要进行追肥，每亩可用 25～30 千克尿素结合浇水施入，以保证正常的营养生长。

九、沼气保鲜水果

（一）机理

水果（柑橘）采收后仍然是一个有生命的机体，不断消耗养分和水分，沼气贮藏水果的机理就是通过控制贮室中空气的成分和温度，使贮果的呼吸、蒸腾作用降到最低程度而又不致窒息发生生理病害，以达到保鲜的目的。

（二）具体方法

1. 贮藏室的建设

贮藏使用砖砌筑，预留门、进气孔、排气孔和观察孔，墙体用1∶4的水泥砂浆粉刷抹光，然后刷密封涂料堵塞墙体水泥砂浆的毛细孔。门为木制板门，用油灰勾缝后上油漆，门与门相交处用胶带纸粘贴密封。观察孔装上玻璃，可以看到挂在贮藏室内的水银温度计和相对湿度计，贮藏室大小视贮果量而定。

2. 贮藏前的准备工作

（1）清理消毒。把贮藏室打扫干净，用4%的漂白粉清液在室内喷洒，也可用50%的多菌灵粉剂或50%的托布津可湿性粉剂200～250倍液稀释喷洒。

（2）严格选果。贮果要成熟适度，果蒂完整，果实饱满，果形端正。损伤果、无柄果、畸形果应剔除出去。

（3）药剂处理。水果在贮藏过程中易感染的病菌很多，因此，有条件的话，应在贮果前进行药剂处理，提高贮果的保鲜率。方法是用80%2，4—D钠盐粉剂2.5克，加多菌灵200克，加水50千克制成药剂，清洗果实1分钟，然后取出晾干。

（4）预贮。把经过药剂处理的果实放在干燥阴凉、通风处进行预贮，让其蒸发少量水分，使果皮具有弹性，即不易碰伤，也可控制失水，一般预贮3～5天后就可进入贮藏室。

3. 贮藏过程中的3要素

沼气保鲜水果效果的好坏，关键取决于贮藏环境中沼气量、湿度、温度3个重要因素。

（1）沼气量。沼气量充入多少，决定贮藏环境中氧含量的高低。它的作用是降低贮果的呼吸和蒸腾作用，使贮果处于冬眠状态，因此，输入的沼气量要准确计量。一般每立方米贮室内充入0.14立方米沼气，使贮藏室内沼气浓度适中，烂果率低。

（2）湿度。适当的湿度是使贮果减少水分蒸发，提高贮果鲜度和品质的一个重要条件。湿度波动较大对烂果率、失水率均有影响。贮藏室的相对湿度应掌握在80%～90%。

（3）温度。贮果的呼吸强弱除与氧含量有关外，与温度也有很大关系。温度越高，呼吸越旺盛，反之则弱。贮果期间，贮藏室的温度以5～15℃为宜。温度过高会增加贮果的烂果率，一般贮藏室的温度超过20℃，就不适宜贮藏鲜果了。

（三）注意事项

在贮藏期的前两个月中，每隔10天要把贮果翻动一次，以后每半个月翻动一次，每次翻果时，应使贮藏室通气半天时间以免贮果因长期缺氧而闷死。

（四）保鲜效果

采用沼气贮藏水果，就柑橘而言，时间一般可在当年秋收后11月中下旬开始，直至贮藏到下年的五月中下旬。只要严格贮藏操作，最长贮果时间可达200天以上，保鲜率达90%左右。

第二节　沼液、沼渣利用

沼气发酵不仅是一个生产沼气能源的过程，也是一个造肥的过程。沼气发酵后，作物生长所需的氮、磷、钾和微量元素基本上都保存在沼液、沼渣中，同时，还存留了丰富的氨基酸、B族维生素、各种水解酶、生长素、对病虫害有抑制作用的物质或因子。因此，它是很好的有机肥料，具有广泛的综合利用前景。

一、沼液浸种

沼液中除含有肥料三要素（氮、磷、钾）外，还含有种子发育所需的多种养分和微量元素，且大多数呈速效状态。同时，微生物在分解发酵原料时分泌出的多种活性物质，具有催芽和刺激生长的作用。因此，在浸种期间，钾离子、铵离子、磷酸根离子等都能因渗透作用或生理特性，不同程度地被种子吸收，而这些离子在幼苗生长过程中，可增强酶的活性，加速养分运转和新陈代谢过程。因此，幼苗“胎里壮”，抗病、抗虫、抗逆能力强，为高产奠定了基础。

（一）操作方法

1. 水稻浸种

沼液水稻浸种的工艺流程如图 11－1 所示，其操作方法和技术要领如下：

（1）晒种。选用上年生产的高纯度和高发芽率的新水稻种子，浸种前晒种 1～2 天，以提高种子的吸水性能，并杀灭部分病菌。

（2）浸种。首先用浸种袋（如化肥袋、尼龙编织袋等）将稻种装好，每袋装 15～20 千克，扎紧袋口，投入已正常使用 40 天以上的沼气池水压间内浸泡，常规稻种以一次性浸种为主，24 小时左右为宜；杂交稻采取间歇式浸种，即在沼液中浸泡 8～10 小时后，提出来晾 6 小时，三浸三晾，直至种子吸足水分。

（3）清洗。捞出浸种袋，用清水漂洗 2～3 次，晾干，方可催芽。沼液浸种会改变有些种壳的颜色，但不会影响发芽。

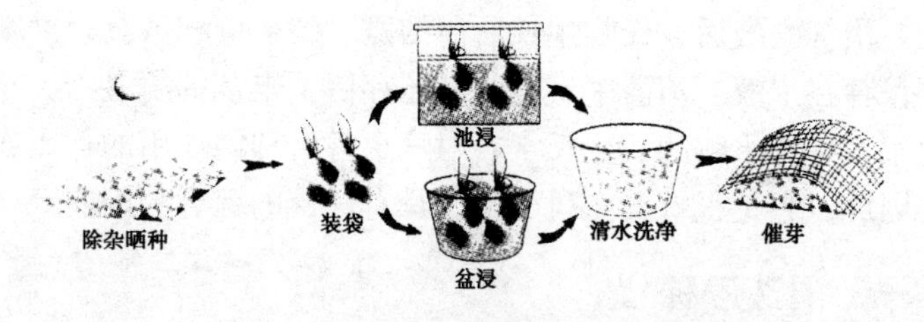

图 11－1　沼液水稻浸种的工艺流程

2. 小麦浸种

（1）种子的处理。在浸种前要选择晴天将麦种晒 2～3 次，提高种子的吸水性能。

（2）沼液的选择。选用发酵时间长且腐熟较好并与猪圈、厕所结合正常使用的沼气池发酵液，于浸种前几天打开水压间盖，在空气中暴露数日，并搅动数次，使少量硫化氢气体逸散，还要将水压间内水面上的浮渣清除。

（3）浸种时间。小麦浸种时间依据当地正常播种时间，在播种前一天进行浸种。浸泡时间要根据水温而定，一般 17～20℃浸 6～8 小时。

（4）浸种操作。将要浸泡的麦种装入透水性好的塑料编织袋。每袋种子量占袋容的2/3。将袋子放入水压间沼液中，并拽一下袋子的底部，使种子均匀松散于袋内，以沼液浸没种子为宜。

（5）播种。麦种浸 6～8 小时后，取出种子袋，用清水洗净，并使袋里的水漏去，然后把种子摊在席子上，待种子表面水分晾干后，即可播种。

3. 玉米浸种

先将玉米种子晒 1～2 天，去杂、去秕粒后，用发酵好的沼液浸种。将要浸的玉米种装在塑料编织袋内，不可装得太满，然后放入沼液中，浸 12 小时。取出用清水冲洗一下，晾干即可。

4. 棉花浸种

用沼液原液浸棉种 24 小时后，将棉种用清水漂洗 1～2 次，晾干后即可播种。

5. 甘薯浸种

将选好的薯种分层放入大缸或清洁的水池内；将沼液倒入，液面超过上层薯块表面 6 厘米为宜，并在浸泡中及时补充沼液；2 小时后捞出薯种，用清水冲洗净后，放在草席或苇箔上晾晒，直至种块表面无水分为止；然后按常规排列上床。苗床土培养基为 30% 的沼渣肥和 70% 的泥土混合而成。

（二）沼液浸种的效果

1. 发芽率高，芽壮根粗 采用沼液浸种，稻种发芽率比清水浸种提高10%，成秧率提高20%以上，且根粗芽壮，为培养壮秧和增产奠定了良好的生理基础。

2. 沼液浸种花钱少，效果好 沼液浸种比用药剂浸种简便易行，实用经济，既省钱，效果又好。对比试验表明：用三环唑浸种，损失率达20%，而用沼液浸种，基本上没有损失。

3. 沼液育秧苗况好 沼液无土育秧不仅出苗整齐，苗壮根粗，而且白根多，新根多，无病虫，秧根短且不交错，便于插秧时分秧，插秧后易扎根，返青快，生长旺盛。

4. 秧苗抗逆性增强 沼液无土育秧比常规育秧秧苗早熟，抗寒、抗病、抗虫能力强，成秧率高。据湖南省生产实践证实，用沼液浸种和育秧的秧田，经受两次特大寒潮、冰雹袭击后，烂秧率仅为10%，而与此相邻的不用沼液浸种和育秧的秧苗，烂秧率竟高达80%。

5. 沼液育秧产量高 沼液无土育秧不受自然气候限制，可提早育秧，早插秧，为夺取高产奠定基础，一般沼液浸种和育秧比常规方法育秧可增产5%～10%。并且无土育秧可节约秧田面积，减少用工和劳动强度。

（三）注意事项

（1）用于沼液浸种的沼气池，一定要正常使用1个月以上。长期停用的沼气池中的沼液不能用于浸种，以免伤害种子。

（2）种子浸泡时间不宜过长，否则影响出芽。

（3）如沼液浓度过高，浸种前加1～3倍清水。

（4）浸种时要考虑天气情况，如遇阴雨，可将种子摊在席子上自然发芽、播种更好。

二、沼肥旱育秧

（一）操作方法

沼肥旱育秧的工艺流程如图 11－2 所示，其操作方法和技术要领如下：

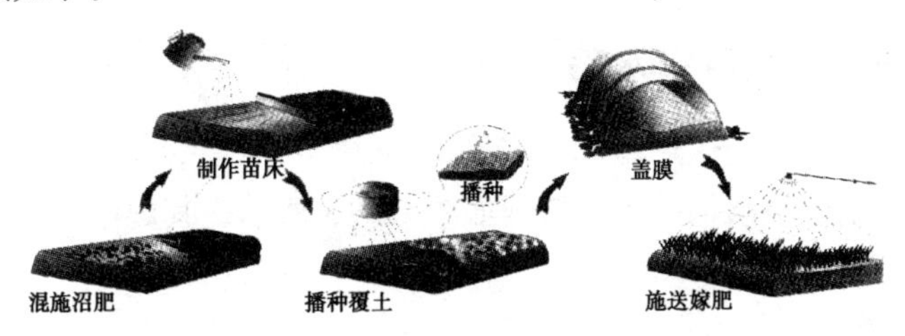

图 11－2 沼肥旱育秧的工艺流程

1. 制作苗床 每 667 平方米（1 亩）用沼肥 1 500千克撒入苗床，并耕耙 2～3 次，使沼肥和苗床上混合均匀，整地做畦，宽 140 厘米，高 15 厘米，长不超过 10 米。

2. 播种 先将畦面均匀洒水至 5 厘米土层湿润，按每平方米 2～3 千克标准喷施沼液。然后，撒播经过沼液浸种或催芽的水稻种子并覆土。

3. 盖膜管理 用沼气塑膜温室将播好种的苗床覆盖，在温度 36～38℃、湿度 95% 以上的条件下，进行高温催芽；出芽后，温室温保持 32～35℃、湿度 95%，保持谷芽及根部湿润；在不完全叶开始伸出时，进行压苗（即用手掌或木棍顺一个方向压苗 2～3 次），防止秧根相互拱抬，影响秧苗盘根和生长；此时，温度保持 28～32℃、湿度 80% 左右，并进行适当透光绿化；当第二完全叶伸出后，温度保持 20～24℃、湿度保持 70% 以上，并酌情喷施 1% 的过磷酸钙和 1% 的尿素混合液。同时，改善室内通风透光条件，使之和室外气候趋于一致，以达到炼苗之目的。

4. 施送嫁肥 秧苗移栽前 7 天，用稀释 1 倍的沼液喷施秧苗一次。

（二）注意事项

沼肥取出后，应迅速施入农田。暂时用不完的沼肥，必须及时存放在有盖的桶中或沼气池内，以免肥效损失。

三、沼肥种植水稻

（一）操作方法

沼肥种植水稻的工艺流程如图 11－3 所示，其操作方法和技术要领如下：

图 11－3 沼肥种植水稻的工艺流程

1. 深施沼渣基肥 沼渣应在翻耕稻田时与泥土混合，作基肥使用。每 667 平方米施用量大约 2 000千克。

2. 喷浇沼液追肥 采取“稳前、攻中、补后”的施肥方法。返青分蘖期：每 667 平方米施沼液 1 000 千克，并同时撒施尿素 5～10 千克。拔节长穗期：如长势较差，每平方米施用沼液 50 千克对水 50 千克，再加入尿素 1～1.5 千克喷施。灌浆结实期：每 667 平方米施沼液 50 千克，加入 3% 的磷酸二氢钾，再对水 50 千克喷施。

（二）注意事项

沼液作追肥或喷施，应适量掺水稀释，以免伤害水稻的幼根或嫩叶。施用沼渣时，也不要直接接触水稻根部。

四、沼液防治植物病虫害

沼气发酵原料经过沼气池的厌氧发酵，不仅含有极其丰富的植物所需的多种营养元素和大量的微生物代谢产物，而且含有抑菌和提高植物抗逆性的激素、抗菌素等有益物质，可用于防治植物病虫害和提高植物抗逆性。

（一）操作方法

1. 沼液防治植物虫害

（1）防治农作物蚜虫。用沼液喷施小麦、豆类、蔬菜、棉花、果树等，可防治蚜虫侵害，施用方法如下：

①用沼液 14 千克，洗衣粉溶液 0.5 千克（溶液按洗衣粉和清水 0.1 ∶ 1 比例配制），配制成沼液复方治虫剂，用喷雾器喷施。

②每 667 平方米田一次喷施 35 千克，第二天再喷施一次。

③喷施时间最好选择晴天的上午。

生产实践表明，用产气好的沼液防治蔬菜和果树蚜虫、菜青虫，喷施一次，防治率为 70% 左右，喷施两次可达 96% 以上。

（2）沼液防治玉米螟幼虫。玉米螟幼虫是春玉米、夏玉米的主要害虫。常规是用药液浇撒于玉米心叶防治。用农药与沼液混合浇玉米心叶，可取得防虫、施肥双重效果。具体做法是：在螟虫孵化盛期，用沼液 50 千克，加 2.5% 敌杀死乳油 10 毫升配成药液。使用时，将喷雾器喷头朝下浇心施药。施药 6 天和 11 天后观察，用加入敌杀死药的沼液与单独用药防治效果完全相同，没有出现玉米螟幼虫为害。此外，还发现用沼液浸种、浇心叶后的玉米，叶色稍深，显得上冲。

（3）防治果树红蜘蛛。在苹果、柑橘等果树生长期间，用沼液原液或添加少量农药喷施果树，可防治果树蚜虫、红蜘蛛、黄蜘蛛和螨、蚧等病虫害；用沼液涂刷病树体，可防治苹果树腐烂病；沼液灌根，可防治根腐病、黄叶病、小叶病等生理性病害。沼液原液喷施果树，对红蜘蛛成虫杀灭率为91.5%，虫卵杀灭率为86%，黄蜘蛛杀灭率为56.5%；沼液加1/3水稀释，红蜘蛛成虫杀灭率为82%，虫卵杀灭率为84%，黄蜘蛛为25.3%，所以，沼液浓度越高，杀虫效果越好。用沼液喷施果树时，加入1/1 000～1/2 000的氧化乐果，或1/1 000～1/3 000的灭扫利，杀虫杀卵效果非常显著，成虫和虫卵杀灭率可达100%，而且药效可持续30天以上。

在整个果树生长期内均可喷施沼液。喷施时间根据气温高低决定，气温高于25℃时，宜在下午5时后喷施，气温低于25℃时，可在露水干后全天喷施。使用前，应先将沼液从正常产气使用2个月以上的沼气池水压间内取出，用纱布过滤，存放2小时左右，然后再用喷雾器喷施。喷施时，重点喷在叶片的背面，因为叶子表面角质层较厚，喷施后不易被吸收利用。

在喷施沼液时，根据树冠大小和树体营养状况，补充有益元素和养分效果更好。对于上年结果多、树势弱的果树，因树体养分不足，可在沼液中加入0.1%的尿素。对幼龄树和结果少、长势弱的树，应在沼液中加入0.2%～0.5%的磷钾肥，以利花芽的形成。

2. 沼液防治植物病害

科学试验和大田生产证明，沼液及其用沼液制备的生化剂可以防治作物的土传病、根腐病和赤霉病。

（1）沼液防治西瓜枯萎病。西瓜枯萎病是一种顽固性土壤传播真菌，分布广，传播快，地表至60厘米深度土壤中均带有病原菌，单纯用药剂防治很难见效，是西瓜生产的大敌。北京市大兴县能源办在西瓜生产中，每667平方米施沼渣2 000～2 500千克作基肥，用20倍沼液浸种8小时后，在催芽棚中育苗移栽，并在生长期叶面喷施10～20倍沼液3～4次，基本上可控制重茬西瓜地枯萎病大面积发生。即使有个别发病株，及时用沼液原液灌根，也能杀灭病原菌，救活病株。在西瓜膨大期，结合叶面喷施沼液，用沼渣进行追肥，不但枯萎病得到控制，而且获得较高的产量，西瓜品质也有所提高。

（2）沼液防治小麦赤霉病。赤霉病是小麦生产中的主要病害之一，其发病率高，流行面大。陕西省土壤肥料研究所进行了沼液防治小麦赤霉病的试验，结果证明：正常发酵产气的沼气池的沼液对小麦赤霉病有明显的防治效果，其作用和生产上所用的多菌灵效果相当；使用沼液原液喷施效果最佳，使用量以每667平方米喷50千克以上效果最好，盛花期喷一次，隔3～5天再喷一次，防治率可达81.53%。

此外，沼液对棉花的枯萎病和炭疽病菌、马铃薯枯萎病、小麦根腐病、水稻小球菌核病和纹枯病、玉米的大小斑病菌以及果树根腐病菌也有较强的抑制和灭杀作用。

3. 沼液提高植物抗逆性

沼液中富含多种水溶性养分，用于农作物、果树等植物浸种、叶面喷施和灌根等，吸收率高，收效快，一昼夜内，叶片可吸收施用量的80%以上，能够及时补充植物生长期的养分需要，强健植物机体，增强抵御病虫害和严寒、干旱的能力。

试验证实，用沼液原液或50%液进行水稻浸种，可增强低温胁迫下秧苗素质和秧苗存活率，减轻低温胁迫对原生质的伤害，保持细胞完整性，提高根系活力，从而增强秧苗抗御低温的能力。用沼液对果树灌根，对及时抢救受冻害或其他灾害引起的树势衰弱有明显效果，用沼液长期喷施果树叶片，可防治小叶病和黄叶病，使叶片肥大，色泽浓绿，增强光合作用，有利于花芽的形成和分化。花期喷施能提高坐果率，果实生长期喷施，可使果实肥大，提高产量和水果质量。

在干旱时期，对作物和果树喷施沼液，可使植物叶片气孔关闭，从而起到抗旱的作用。

（二）注意事项

（1）一定要用正常产气1个月以上的沼气池沼液，长期停用的沼气池沼液不能使用。

（2）沼液从沼气池内取出后，要经过过滤，以免堵塞喷雾器。

（3）在沼液中配农药提高药效时，要注意农药和沼液的酸碱度一致。

五、沼肥种植果树

（一）沼液叶面施肥

沼液中营养成分相对富集，是一种速效的水肥，用于果树叶面施肥，收效快，利用率高。一般施后24小时内，叶片可吸收喷施量的80%左右，从而能及时补充果树生长对养分的需要。

1. 喷施方法

果树叶面喷施的沼液应取自正常产气的沼气池出料间，经过滤或澄清后再用。一般施用时取纯液为好，但根据气候、树势等的不同，可以采用稀释或配合农药、化肥喷施。

（1）纯沼液喷施。果树喷施纯沼液的杀虫效果比稀释液好。喷施纯沼液对急需营养的果树还能提供比较丰富的养分，因此，对长势较差、树龄较长、坐果率低的果树等均应喷施纯沼液。

（2）稀释沼液喷施。根据气候以及树的长势，有时必须将沼液稀释喷施。如气温较高时，不宜用纯沼液，应加入适量水稀释后喷施。

（3）药肥配合喷施。当果树虫害猖獗时，宜在沼液中加入微量农药，这样杀虫效果非常显著。据树体营养需要，配合一定的化肥喷施，以补充果树对营养的需要。大年产果多时，可加入0.05%～0.1%尿素喷施；对幼龄及长势过旺的树、当年挂果少的树，可加入0.2%～0.5%磷钾肥喷施以促进长芽形成。

2. 喷期和效果

果树地上部分每一个生长期前后，都可以喷施沼液，叶片长期喷施沼液，可增强光合作用，有利于花芽的形成与分化；花期喷施沼液，可保证所需营养，提高坐果率；果实生长期喷施沼液，可促进果实膨大，提高产量。

果树喷施沼液，对虫害有一定的防治效果。用纯沼液喷施果树，对红蜘蛛、黄蜘蛛、矢尖蚧、芽虫、清虫等有明显的杀灭作用，杀灭率达94%以上。

（二）果树根部施肥

果树长期用沼液根部施肥，树势茂盛，叶色浓绿，病虫害明显减少，抽梢整齐，幼果脱落较少，果实味道纯正，产量比施化肥或普通有机肥高。

不同树龄采取不同的施肥方法。幼树施用沼肥结合扩穴，以树冠滴水为直径向外呈环向开沟，开沟不宜太深，一般10～35厘米深、20～30厘米宽，施后用土覆盖，以后每年施肥要错位开穴，并每年向外扩展，以增加根系吸收范围，充分发挥肥效。挂果树成辐射状开沟，并轮换错位，开沟不宜太深，不要损伤了根系，施肥后覆土。

（三）注意事项

（1）必须用正常产气3个月以上的沼气池的沼液。

（2）喷施时，不要在中午气温高时进行，以防灼烧叶片。

（3）叶面喷施要尽可能施于叶背，因叶面角质层厚，而叶背布满了小气孔，易于吸收。

（4）喷施量要根据树势等情况确定。

六、沼液养猪

沼液养猪是在常规饲养的情况下，利用沼液作为添加剂，促进生猪生长的一项技术措施。它不仅可促进生物能的转化，加快体内肝糖、肌糖的积存，生长速度快，饲料转化率高，而且降低了饲料消耗，从而开辟了新的饲料来源，是一项无害安全的实用技术，深受广大养猪农户的欢迎。

沼液养猪具有使猪食欲旺盛、皮毛油光发亮、不生病或很少生病等特点，同时节省饲料，增重快。技术安全可靠，不需增加新的投资，与常规饲料配合，简单易学，经济效益高。据测试，添加沼液养的猪比常规养猪平均日增重 0.2 千克左右，可提前 1 ~2 个月出栏。其肉质与普通饲养相比，味鲜无异味，各项检验指标符合部颁标准。

（一）具体方法

（1）在正常使用的家用沼气池中，从出料间取出适量的中层沼液，放入饲料中拌匀即可。夏季，饲料拌好后可放置 10 ~ 15 分钟，目的主要是让沼液渗透到饲料里，另一方面让其氨味挥发掉。

（2）由于猪的不同生长发育阶段，其体重、吃食量和采食习性等情况有所不同，因而，沼液添加量也要因猪制宜，不能简单化一。一般分为 3 个阶段：

①仔猪阶段（体重在 25 千克以内），仔猪断奶后，应按常规进行防疫、驱虫、健胃和去食，同时，在饲料中添加少量沼液，以锻炼仔猪对沼液的适口性，时间需 10 天左右，然后开始添加沼液喂养，每日 4 次，每次沼液喂量为 0.3 千克左右。

②架子猪阶段（体重 25 ~50 千克），此时，猪骨架发育迅速，食量增大，沼液量相应增加，一般每日 3 ~4 次，每次沼液喂量为 0.6 千克左右，如在饲料中增加少量骨粉、鱼粉，增重量将更快。

③育肥猪阶段（体重 50 ~ 100 千克），这段时期猪全面发育，食量大，增重快，因而沼液量也增大到每次 1 千克左右，每

日3次。

用沼液生拌饲料至半干半湿，如沼液量不够，可另加清水，饲料以猪吃完不剩为准。另外，视沼液浓度高低可适当增减添加剂，沼液浓度大的可以少添一些，浓度低的可多添一些。绝不能看猪十分爱吃时就多加，不爱吃时就少加，甚至不加，这样会打乱猪的口味适应性，对猪的生长十分不利。

（二）注意事项

（1）病态的、不产气的或投入了有毒物质的沼气池中的沼液，禁止喂猪。

（2）新建已投料或大换料后的沼气池，必须正常产气使用1个月后，放可取沼液喂猪。

（3）沼液的酸碱度以中性为宜，即pH值在6.5~7.5。

（4）沼液从水压间取出后，应让氨气挥发，不宜随取随喂，一般以放置半小时左右为宜（冬长、夏短），根据气温高低灵活掌握，但放置时间不宜过长，以防光解、氧化及感染细菌。

（5）沼液仅是添加剂，不能取代基础粮食。只有在满足猪日粮需求的基础上，才能体现添加剂的效果。

（6）当猪出现腹泻时，应及时停喂，并请兽医进行诊断，如确诊无病，可在腹泻症状消失后，再添加沼液饲喂，但应适量减少添加量，一般减少0.1千克/次。

（7）添加沼液养猪体重在120千克左右出栏，经济效果最佳。

七、沼渣种植蔬菜、花卉等

（一）操作方法

1. 配制营养土　营养土和营养钵主要用于蔬菜、花卉和特种作物的育苗，因此，对营养条件要求高，自然土壤往往难以满足，而沼渣营养全面，可以广泛生产，完全满足营养条件要求。

用沼渣配制营养土和营养钵，应采用腐熟度好、质地细腻的沼渣，其用量占混合物总量的20%～30%，再掺入50%～60%的泥土、5%～10%的锯末、0.1%～0.2%的氮、磷、钾化肥及微量元素、农药等拌匀即可。如果要压制成营养钵等，则配料时要调节黏土、砂土、锯末的比例，使其具有适当的黏结性，以便于压制成型。

2. 作基肥 一般作底肥每亩施用量为1 500千克左右，可直接泼洒田面，立即耕翻，以利沼肥入土，提高肥效。据四川省农业科学院生产试验，每667平方米增施沼肥1 000～1 500千克（含干物质300～450千克），当料可增产水稻或小麦10%左右；每667平方米施沼肥1 500～2 500千克，可增产粮食9%～26.4%，并且，连施3年，土壤有机质增加0.2%～0.83%，活土层从34厘米增加到42厘米。

3. 作追肥 每667平方米用量1 000～1 500千克，可以直接开沟挖穴浇灌作物根部周围，并覆土以提高肥效。据山东省临沂地区沼气科研所在玉米上试验：沼渣肥密封保存施用比对照增产8.3%～11.3%，晾晒施用比对照增产8.1%～10%。沼液直接开沟覆土施用或沼液拌土密封施用均比对照增产5.7%～7.2%，而沼液拌土晾晒施用比对照增产3.5%～5.4%。有水利条件的地方也可结合农田灌溉，把沼液加入水中，随水均匀施入田间。

4. 沼渣与碳酸氢铵堆沤 沼肥内含有一定量的腐殖酸，可与碳酸氢铵发生化学反应，生成腐殖酸铵，增加腐殖质的活性，提高肥效。当沼渣的含水量下降到60%左右时，可堆成1米左右的堆，用木棍在堆上扎无数个小孔，然后按每100千克沼渣加碳酸氢铵4～5千克，拌和均匀，收堆后用稀泥封糊，再用塑料薄膜盖严，充分堆沤5～7天，作底肥，每667平方米用量250～500千克，也可作苗期追肥。

5. 沼渣与过磷酸钙堆沤　每100千克含水量50%～70%的湿沼渣，与5千克过磷酸钙拌和均匀，堆沤腐熟7天，能提高磷素活性，起到明显的增产效果。一般作基肥每667平方米用量500～1 000千克，可增产粮食13%以上，增产蔬菜15%以上。

（二）相关知识

有机物质在厌氧发酵过程中，除了碳、氢、氧等元素逐步分解转化，最后生成甲烷、二氧化碳等气体外，其余各种养分元素基本都保留在发酵后的剩余物中，其中一部分水溶性物质保留在沼液中，另一部分不溶解或难分解的有机物、无机固形物则保留在沼渣中，在沼渣的表面还吸附了大量的可溶性有效养分。所以，沼渣含有较全面的养分元素和丰富的有机物质，具有速缓兼备的肥效特点。

沼渣中的主要养分含量有：30%～50%的有机质、10%～20%的腐殖酸、0.8%～2.0%的全氮（N）、0.4%～1.2%的全磷、0.6%～2.0%的全钾。

由于发酵原料种类和配比的不同，沼渣养分含量有一定差异。根据对一些地区的沼渣的分析结果，若每667平方米施用1 000千克（湿重）沼渣，可给土壤补充氮素3～4千克、磷1.25～2.5千克、钾2～4千克。

沼肥中的纤维素、木质素可以松土，腐殖酸有利于土壤微生物的活动和土壤团粒结构的形成。所以，沼渣具有良好的改土作用。

综上所述，沼渣含有较全面的养分和丰富的有机质，其中还有一部分已被改造成腐殖酸类物质，是一种缓速兼备又具改良土壤功效的优质肥料。

（三）注意事项

沼肥取出后，应迅速施入农田里，并进行覆土。暂时用不完的沼肥，必须及时存放在有盖的桶中或沼气池内，以免肥效损失。

八、沼渣栽培食用菌

（一）栽培方法

1. 栽培蘑菇

（1）培养料的准备和堆制

①沼渣的选择。一般来说，沼渣都能栽培蘑菇，但优质沼渣更能促进蘑菇的增产。所谓优质沼渣，是指在正常产气的沼气池中停留3个月，出池后的无粪臭味的沼渣。

②栽培料的配备。蘑菇栽培料的碳氮比要求30∶1左右，所以，每100立方米栽培料需要5 000千克沼渣，1 500千克麦秆或稻草，15千克棉籽皮，60千克石膏，25千克石灰。含碳量高的沼渣可直接用于栽培蘑菇。

③栽培料的堆制。栽培料按长8米，宽2.3米，高1.5米堆制，顶部呈龟背形。堆料时，先将麦草铡成30厘米长的小段，并用水浸透铺在地上，厚16厘米；然后将发酵3个月以上的沼渣，晒干、打碎、过筛后均匀铺撒在麦草上，厚约3厘米。照此方法，在第一层料堆上再继续铺放第二层、第三层。铺完第三层时，向堆料均匀泼洒沼液，每层160～200千克，第四层至第七层都分别泼洒相同数量的沼液，使料堆充分吸湿浸透。堆料7天左右，用细竹竿从料堆顶部朝下插一孔，把温度计从孔中放入料堆内部测温。当温度达到70℃时，进行第一次翻料。如果温度低于70℃，应适当延长堆料时间，使温度上升高到70℃时再翻料；并注意，控制温度不要高过80℃以上，否则原料腐熟过度，会导致养分消耗过多。第一次翻料时，加入25千克碳酸氢铵，20千克钙镁磷肥，4千克棉籽皮，14千克石膏粉。加入适量化肥，可补充养分和改变培养料的理化性状；石膏可改变培养料的

黏性而使其松散，并增加硫、钙矿质元素。拌和均匀后，继续堆料。堆沤 5～6 天，测得料堆温度达 70℃时，进行第二次翻料。此次用 40% 的甲醛液 1 千克对水 40 千克，在翻料时，喷入料堆消毒，边喷边拌。如料堆变干，应适当泼洒沼液，以手捏滴水为宜，如料堆偏酸，可适当加入石灰，使料堆的酸碱度以 7～7.5 为宜。然后继续堆料 3～4 天，当温度达到 70℃时，进行第三次翻料。在此之后，堆料 2～3 天即可移入菌床使用。整个堆料和 3 次翻料共 18 天左右。

（2）菇房和菇床的设置

蘑菇是一种好气性菌类，需要充足的氧气，属中温型菌类，其菌丝体生长的最适宜温度是 22～25℃；子实体的形成和发育，需要较高的湿度；菌丝体和子实体对光线要求不严格。因此，设置菇房时，要求菇房坐北朝南，保温、保湿和通风换气良好。菇房的栽培面积不宜过大。床架与菇房要垂直排列，菇床四周不要靠墙，靠墙的走道 50 厘米，床架与床架之间的走道 67 厘米。床架每层距离 67 厘米，底层离地 17 厘米以上。床架层数视菇房高低而定，一般 4～6 层，床宽 1.3～1.5 米。床架要牢固，可用竹、木搭成，也可以用钢筋混凝土床架，每条走道的两端墙上各开上、下窗各一对，五层床架以上的菇房还要开一对中窗。上窗的上沿一般略低于屋檐，下窗高出地面 10 厘米左右。大小以 40 厘米宽、50 厘米高为宜。

（3）装床接种

①菇房消毒。16 平方米的菇房用 500 克甲醛液对水 20 千克喷在菇房内面和菌架、菌床，喷完后随即将敲碎的 150 克硫磺晶体装在碗内，碗上盖少量柏树丫和乱草，点燃后，封闭门窗熏蒸 1～2 小时，3 天后，喷高锰酸钾水溶液（20 粒高锰酸钾晶体对水 7.5 千克），次日进行装床接种。

②装床接种。最适宜的接种时间是 9 月 10 日左右，过早或

过迟接种都会影响蘑菇的产量和质量。把培养料搬运到菌床上摊铺15厘米厚，即可接种，每瓶菌种可播0.3平方米左右，穴播，行株距10厘米见方。接种时，菌种要稍露出料的表面。气候干燥，培养料草多粪少或偏干，接种稍深些；气候潮湿，料偏湿或粪多草少的接种可浅些。

（4）管理

①覆土。接种后，菇房通风要由小到大，逐渐增加。接种后3天左右以保湿为主，初次通风，一般只开个别的下窗。7天以后，进行大通风，并且在床架反面料内戳些洞，或撬松培养料，以使料中间的菌丝繁殖生长。播种后18天左右，当培养料内的蘑菇菌丝基本长到料底时进行覆土。

覆土应选团粒结构好，吸水保湿能力强，遇水不散的表层15厘米以下的壤土。覆土分粗细两种，粗土以蚕豆大小为宜，每平方米27千克左右。细土大于黄豆，粒径约6毫米，每平方米22千克左右。覆土前5天左右，每110平方米栽培面积的土粒，用甲醛1千克对水喷洒后，用塑料薄膜覆盖熏蒸消毒12小时。再用敌敌畏1千克对水喷洒，盖上薄膜12小时，待药味散发后进行覆土。先用粗土覆盖培养料。3天后进行调水，接连调水3天，每平方米用水9千克左右，调至粗土无白心，捏得扁。覆粗土后8天左右，当菌丝爬到与粗土基本相平时，覆盖细土。一般覆细土后的第二天开始调水，连调2天，调到细土捏得扁，其边缘有裂口即可，每平方米用水12千克左右。覆土能改变培养料中氧和二氧化碳的比例与菌丝体生长的环境，促进子实体的形成。覆土层下部土粒大，缝隙多，通气良好，利于菌丝生长。上层土粒小，能保持和稳定土层中的湿度。

②温湿度调控。20～25℃是菌丝生长的最适宜温度。低于15℃，菌丝体生长缓慢；高于30℃，菌丝体生长稀疏、瘦弱，甚至受害。调节温度的方法是：温度高时，打开门窗通风降温；

温度低时，关门或暂时关闭1～2个空气对流窗。培养料的湿度为60%～65%。空气相对湿度为80%～90%。调节湿度的办法是：每天给菌床适量喷水1～2次；湿度高时，暂停喷水并打开门窗通风排湿。

③补充营养。当最初菌丝长得稀少时，用浓度为$0.25\times10^{-6}\sim1.0\times10^{-6}$的三十烷醇（植物生长调节剂）10毫升对水10千克喷洒菌床。

④检查。加强检查，经常保持空气流通，避免光线直射菌床。每采摘完一次成熟蘑菇后，要把菇窝处的泥土填平，以保持下一批菇的良好生长环境。

2. 栽培平菇

平菇是一种生命力旺盛，适应性强，产量高的食用菌，沼渣栽培平菇的技术要点如下：

（1）沼渣的处理。选用经充分发酵腐熟的沼渣，将其从沼气池中取出后，堆放在地势较高的地方沥水24小时，其水分含量为60%～70%时，就可作培养料使用。注意不要打捞池底沉渣，以免带入未死亡的寄生虫卵。在沥水过程中，要盖上塑料薄膜，防止蝇虫产卵污染菇床。

（2）拌和填充物。由于沼渣是经长期厌氧发酵的残留物，大都成不定形状态，通气性差。因此，用沼渣作培养料，需添加棉籽壳、谷壳、碎秸秆等疏松的填充物，以增大床料的空隙，有利于空气流通，满足菌丝生长发育的需要。沼渣与填充料的比例以3∶2为宜。填充料先加适量的水拌匀后，再与沥水后的沼渣拌和即可上床。如果用棉籽壳作填充料，必须无霉变，使用前要晾晒。

（3）菇床的选择。平菇在菌丝生长阶段，最适温度为25～27℃，空气相对湿度为70%；长菇阶段，最适温度为12～18℃，培养料表面湿度，空气相对湿度为90%左右。平菇对光线要求不高，有漫射光即可。菇床地一般选择通风的室内。如果菇床设在楼上的地面，需用塑料薄膜垫底保湿。菇床面宽0.8～1.0米，长度视场地而定，培养料的厚度6.5～8厘米。

（4）掌握播种期。平菇培养时间是9月下旬至第二年1月底，这120天之内均可播种。每100千克培养料点播菌种4千克。菌种要求菌丝丰满，无杂菌，菌龄最好不超过1个月。播种按6.5厘米见方点播，点播深度3.3厘米，每穴点蚕豆大小一块，播后用塑料薄膜覆盖，以保温、保湿。

（5）日常管理。平菇的菌丝体生长阶段是积累养分的阶段，对水分和氧气需要量不大。因此，需用薄膜盖好，以保湿保温和防止杂菌污染。一般每隔7天揭膜换气一次。当子实体形成后，需水量和需氧量增大，这时要注意通风和补充水分。当菌株开始出现，菌床表面湿润，薄膜内有大量蒸发水时，应将薄膜支起通风。通风后如菌床表面干燥，可进行喷水管理。喷水的原则是天气干燥时，勤喷、少喷，雨天不喷。

（6）适时采收。在适宜条件下，从出菇到长成子实体（供食用部分），需经过7天左右，子实体长到8成熟即可采收。采收要适时，过早会影响产量，过迟会影响品质。第一批采收后，经过15～20天又可采收下一批。培养料接种后，一般可采收3～4茬平菇。

（7）追施营养液。收获一茬平菇后，需追施营养液，以促进下批平菇早发高产。追施的方法是：用木棒在培养料表面打2厘米深的孔，用0.1%的尿素溶液或0.1%的尿素溶液加0.1%的糖水灌注。

（8）病虫害的防治。在高温高湿的条件下，培养料容易生虫，长杂菌，发现杂菌生长，应及时挖净；发现虫害，可用0.2%～0.3%的敌敌畏喷雾或用敌敌畏棉球熏杀，但要注意防止药害。

3. 瓶栽灵芝

灵芝的生长以碳水化合物和含碳化合物如葡萄糖、蔗糖、淀粉、纤维素、半纤维素、木质素等为营养基础为主，同时也需要钾、镁、钙、磷等矿质元素。沼气发酵残留物中所含的营养和元素能够满足灵芝生长的需要。利用沼渣瓶栽灵芝的技术方法和要点如下：

（1）沼渣处理。选用正常产气3个月以上的沼气池中的沼渣，其中应无完整的秸秆，有稠密的小孔，无粪臭。将沼渣烘至含水量60%左右备用。

（2）培养料配制。由于沼渣有一定的黏性，弹性较差，通气性不好，不利于菌丝下扎。因此，需要在沼渣中加50%的棉籽壳，以克服弹性差和透气性差的缺点。为外可加少量的玉米粉和糖。配制时，将各种配料放在塑料薄膜上用手拌匀。

（3）装瓶及消毒。用750毫升透明广口瓶装料，料装瓶高的3/4处。要边装边拍，使瓶中的培养料松紧适度，装完后将料面刮平。然后用木棍在料面中央打一孔洞至料高的2/3处，旋转退出木棍。装瓶后，将瓶倒立于盛有清水的容器中，洗净瓶的外壁，再将瓶提起倾斜成45度角左右，让水进入瓶内空处，转动瓶子以清洗内壁。然后取出，擦干瓶口，上棉塞，蒸煮6小时，再消毒。蒸后在蒸笼里自然冷却。

（4）接种。接种前，接种箱和其他用具需先用高锰酸钾消毒。接种时，将菌种瓶放入接种箱内，先将菌种表面的菌皮扒掉，再用镊子取一块菌种，经酒精灯火焰迅速移入待接种培养瓶内，放在培养料的洞口表面，塞上棉塞，一瓶就接种完毕。

（5）培养管理。接种后的培养瓶放在培养室里培养，温度控制24～30℃（菌丝最适温度为27℃），相对湿度控制在80%～

90%。发现有杂菌的培养瓶应予以淘汰。灵芝的菌丝在黑暗环境中均能生长，但在子实体生长过程中需要较多的漫射散光，并要有足够的新鲜空气。

（二）注意事项

（1）栽培食用菌的沼渣应选用正常产气的沼气池中停留3个月出池后的无粪臭味的沼渣。

（2）注意不要提取池底沉渣，以免带入未死亡的寄生虫卵。

（3）在沥水过程中，要盖上塑料薄膜，防止蝇虫产卵污染菇床。

第三节　综合利用模式

沼气综合利用技术模式是遵循自然规律和经济原则，实现物质和能量生态良性循环的结构形式。侧重方面尽管有所区别，但却有一个共同点，这就是以种植业为基础，以养殖业为主干，以沼气为纽带，以畜牧为动力，以庭院为依托，组成资源良性循环系统，提高经济效益、能源效益、生态效益和社会效益。下面是几种常用的沼气综合利用技术模式。

一、“四位一体”农村能源生态模式

“四位一体”农村能源生态模式以土地资源为基础，以太阳能为动力，以沼气为纽带，种植、养殖相结合，通过生物能转换技术，在农户土地上，在全封闭状态下，将沼气池、猪禽舍、厕所、日光温室相连在一起，组成农村能源综合利用体系（图11-4为模式运行示意图）。它是在同一块土地上，实现产气积肥同步，种植养殖并举，能流、物流良性循环，庭院经济与生态农业相结合的一种高产、优质、高效的农业生产模式。

模式以640平方米左右的日光温室为基本生产单元，在

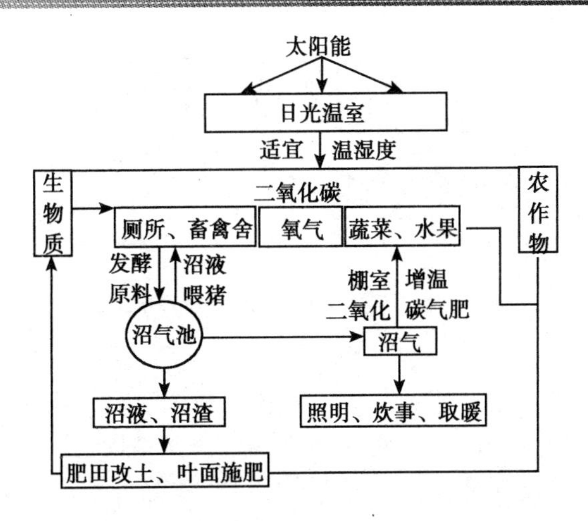

图 11－4　“四位一体”模式运行示意图

温室内部西侧、东侧或北侧建一座 20 平方米的太阳能畜禽舍和一个 1 平方米的厕所，畜禽舍下部为一个 6～10 立方米的沼气池（图 11－5 为模式结构示意图）。塑料薄膜的透光和阻散性能及复合保温墙体结构，将太阳能转化为热能，阻止热量及水分的散发，达到增温、保温的目的，使冬季日光温室内温度保持 10℃以上，从而解决了反季节果蔬生产、畜禽和沼气池安全越冬问题，温室内饲养的畜禽可以为日光温室增温并为农作物提供二氧化碳气肥，农作物光合作用又能增加畜禽舍内的氧气含量；沼气发酵产生的沼气、沼液和沼渣可广泛用于农民生活和农业生产，从而达到环境改善，能源利用，促进生产，提高生活水平的目的。

（一）建设原则与规划

1. 建设原则

为了使该模式在生产、生活、环境方面发挥作用，经营者收到效益，应该参照下列原则建设“四位一体”模式。

图 11－5 “四位一体”模式结构示意图

1. 畜禽舍 2. 厕所 3. 日光温室 4. 沼气池

（1）坚持综合建设。“四位一体”模式建设，是一次性投资较多的项目，应全面考虑，统筹安排，做到结构先进合理。

（2）坚持规模效益。该模式是以资源综合利用，发展商品经济为主，所以，要在一定的区域内把千家万户组织起来，统一发展该模式生产，使农户单体模式构成大规模，汇集成更大的商品量，以便与市场接轨。

（3）坚持因地制宜。为了使该模式生产符合当地的实际情况和客观规律，在建模式前，要加强调查研究，搞好科学论证，科技咨询，开展可行性分析研究。要发挥优势，趋利避害，不断推动模式的发展。

（4）坚持建设配套化、生产综合化。该模式只有配套建设，只有使其内部结构齐全，才能达到生产综合化，才能使经营。应因地制宜，综合安排，挖掘生产潜力，开发各种资源，达到多级开发、生产有序、技术集约、良性循环、提高效益的目的。

（5）坚持科学经营的原则。该模式的空间布局要主体配套，生产周期要长短结合，品种选择要做到人无我有，人有我优，经营管理环环紧扣，随机应变。

（6）坚持质量第一。该模式建设必须按设计标准进行施工。施工队伍要经过技术培训和职业技能鉴定，取得国家沼气生产工资格方可上岗。建筑材料，特别是砌筑沼气池的材料必须达到质量要求。施工后要进行质量检查验收，保证建一处，合格一处，投入正常使用一处。

2. 建设地点与朝向

建设“四位一体”模式的目的是为了在寒冷的季节生产反季节蔬菜、瓜、果、沼气和饲养畜禽。为了给以上生产创造适宜的生长环境，所建的模式必须能最大限度地利用太阳能，增加模式内的温度、光照。为此，“四位一体”模式的建设地点可以在住房前、屋后或田园，选择宽敞、背风向阳，没有树木或高大建筑物遮光的地方作为建设场地。

“四位一体”模式的建设方位：利用“四位一体”模式，一年四季进行生产蔬菜、畜禽、沼气等，但在冬季太阳高度角低，每天日出东南，日落西南，为了使“四位一体”模式前屋面能够在冬季得到充足的光照，提高室温，它的建设方位应该坐北朝南，东西延长，这样有利于前屋面接受太阳光。“四位一体”模式的方位角可以偏东或偏西，但无论偏东或偏西不宜超过10度。如果南偏东10度时，那么，中午阳光与“四位一体”模式前屋面提前40分钟垂直。南偏西10度时，那么阳光会晚40分钟垂直。南偏东5度时，可以使温室的温度早升高，有利于作物光合作用，但是在北纬40度以北地区，冬季早晨外界气温很低，提早揭开草苫会使室内温度下降，所以在北纬40度以北地区，由于揭草苫晚，以南偏西5~7度比较好。

3. 前后两栋模式之间距离的确定

成片发展模式群的地方，就产生了前后两栋之间距离问题，如果前后两栋模式之间距离过近，在冬至前后太阳高度角最低时，前一栋模式会对后一栋模式造成遮光。因此，在建造连片的模式时，应该十分注意前后栋的间距问题，确定前后栋两排模式间距，应该以冬至日10时，前排模式不对后排模式产生遮光为准，并使后排模式在冬至前后日照最短的季节里，每天也能保持6小时以上的光照。

4. 场地定位及平地放线

（1）场地定位。放线是保证“四位一体”模式建设的第一关，必须严格按规定尺寸施工，首先在建模式的地方，按照朝向要求，以日光温室宽度作为总体宽度，以畜禽舍、日光温室长度之和作为模式的长度，划出模式的总体平面，用灰线标记好，然后在模式总体平面内的东侧或西侧划出日光温室、畜禽舍的面积，其边际用灰线标记，这条划分畜舍与日光温室的分界线，就是模式内山墙的地基线。然后，再划出模式宽度的中心线，中心线和内山墙的交叉点为起点，以沼气池的半径加6厘米为距离，在畜禽舍内沿中心线量出池的中心点。以沼气池的中心点为圆心，以池的半径加6厘米为半径划圆，并用灰线标记，标出沼气池位置。同时在模式中心线上确定好进料口中心点和位于日光温室内的出料口中心点，用白灰做好标记。图11－6、图11－7、图11－8为模式放线示意图。

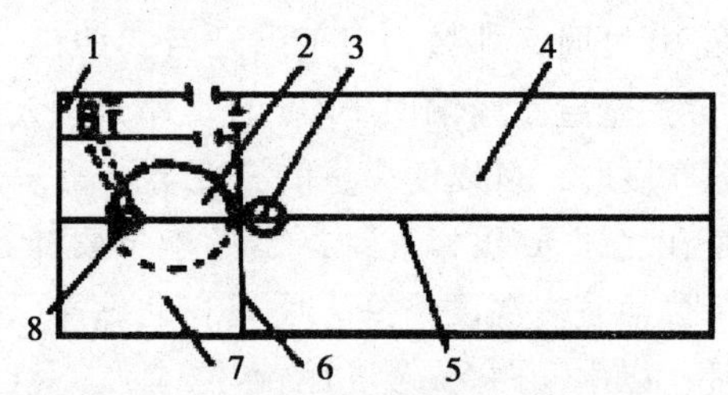

图11－6　“四位一体”模式右侧放线示意图

1. 厕所　2. 沼气池　3. 出料口　4. 日光温室

5. 模式宽度中心线　6. 内山墙　7. 猪舍　8. 进料口

有的农户庭院面积小，为了增大日光温室面积把畜禽舍建在日光温室的北面，这种模式沼气池的放线可参照平面图9－5，即先在建模式的庭院内划出温室与畜禽舍的灰线，再划出畜禽舍

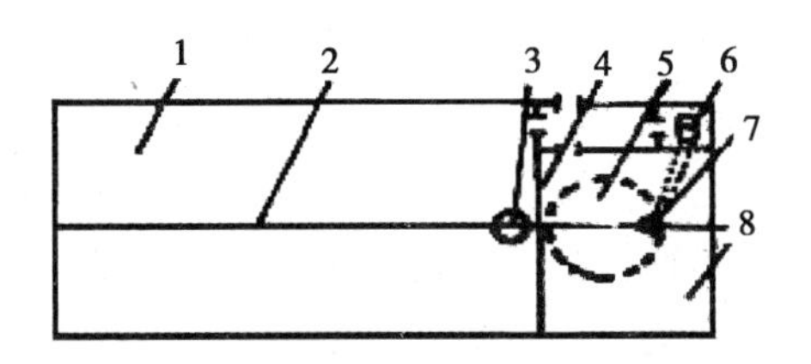

图 11－7　“四位一体”模式左侧放线示意图

1. 日光温室　2. 模式宽度中心线　3. 出料口
4. 内山墙　5. 沼气池　6. 厕所　7. 进料口　8. 猪舍

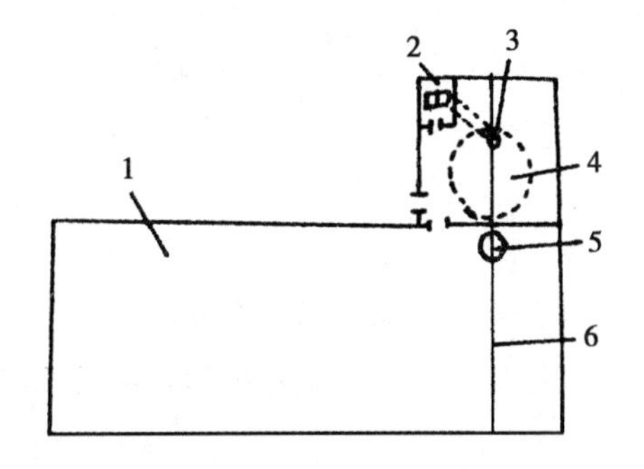

图 11－8　“四位一体”模式后左侧放线示意图

1. 日光温室　2. 厕所　3. 进料口　4. 沼气池
5. 出料口　6. 猪舍东西宽度中心线

东西宽度的中心线；以该线和日光温室的后山墙灰线交叉点为基准，以沼气池的半径加 6 厘米在畜禽舍内定出沼气池的中心点，再以中心点为圆心，以沼气池半径划圆，并用灰线标记，同时在日光温室内划出出料口和畜禽舍进料口的位置。

在放线确定畜禽舍、厕所、日光温室及沼气池的建设方位时应注意以下问题：

①畜禽舍必须设在模式总体平面的西侧、东侧或北侧。这是因为畜禽、蔬菜对温度、湿度、光照和生产管理等多方面要求的差别很大，如果把畜禽舍建在模式总体平面的中间，不但影响蔬

菜生长也影响畜禽的发育，这是为了建立各自良好的生长环境而定的。

②沼气池建在畜禽舍地面下，便于进料和日常管理。

③沼气池的出料口，一定要设在日光温室内，主要是方便以后出肥和给作物施肥。

④设定沼气发酵间池中心在模式总体宽度的中心线上，其目的是为了保持沼气池的温度：经测试冬季气候最冷时，模式四周外围均在0℃以下，冻层厚，畜禽舍内地下温度，会不断横向向舍外传导，其中距北墙、山墙、南棚脚1米内的温度下降幅度更大。因此，只有把沼气池的中心定在距外部冻层较远的中心线上，才能保持沼气池池温，以利正常产气。

（2）施工顺序。“四位一体”模式的施工顺序是：先建沼气池，而后建畜禽舍、厕所，最后建日光温室。为什么要先建沼气池？因为沼气池是在畜禽舍地面以下，在施工中将有大量的土方要放在日光温室的地面上，如果是先建猪舍或日光温室，放土方或施工场地小，将影响施工；另一方面沼气池的进料口、进料管、输气管和日光温室的内山墙等设施，都要建在畜禽舍地面和地面内，只有建完沼气池才能建地面的设施，以便沼气池与畜禽舍、厕所衔接和配套。

（二）配套技术施工

1. 沼气池施工

（1）沼气池的设计原则。沼气池是模式的核心部分，技术性强，质量标准高，设计是否合理，是直接影响到模式整体效益发挥的关键。为此，首先要做好建池的设计与规划工作，以防盲目施工造成损失浪费。根据多年来研究试验和生产实践经验，建设与模式配套的沼气池必须坚持下列设计原则：

①技术先进，结构合理，经济耐用，便于推广。

②在满足模式生产和发酵工艺要求的前提下，兼顾肥料、环

境卫生和种植业、养殖业和管理，充分发挥沼气池的综合效益。

③因地制宜，就地取材，池型达到标准化。

④坚持四结合，即沼气池与畜禽舍、厕所、日光温室相连接，人畜粪便直接进人沼气池，有利于粪便管理，改善卫生环境，种植业能直接利用无公害的沼肥。

（2）沼气池的施工。“四位一体”模式一般采用底层出料水压式沼气池，也可以选用其他的优化池型。在施工中，要在模式总体放线确定沼气池位置建池，有关建池备料、挖坑、施工等技术按照前面所介绍的要求施工。

2. 猪舍的施工技术

（1）猪舍的结构。猪舍是模式建设三大重要组成部分之一，是循环利用不可缺少的设施。建筑猪舍时，要考虑与沼气池、日光温室的优化组合配套，既要考虑猪舍冬季的保温、增温措施，又要考虑夏季的通风、降温，还要把采食、排便、活动和趴卧分开，达到一年四季都能适宜生长发育的良好环境，所以，在施工中要严格按设计图纸施工。

猪舍位于沼气池的上面，日光温室的一端，它们的施工顺序是先建沼气池，待池体达到养护期后即开始建筑猪舍，一般猪舍场地的选择，走向、朝向、后墙、山墙、高度和跨度等是与日光温室设计相一致的，除此之外，还要在猪舍内建筑内山墙、厕所、栏杆、溢水槽、集粪槽、进料口、猪床等配套设置（图11－9），这些设置与沼气池运行，养猪和日光温室二氧化碳施肥有着密切联系，必须按设计结构要求进行施工，否则将影响整体模式的运行。

①猪舍上盖建成后短坡，长前坡起脊式圈舍，圈舍后墙高要和日光温室相一致，一般高度是1.8～2.6米，中柱高2.6～3.0米，脊高要和日光温室相一致，南北跨度也要和日光温室相一致，一般6.0～7.5米，东西长度以养猪规模而定，按每头猪平

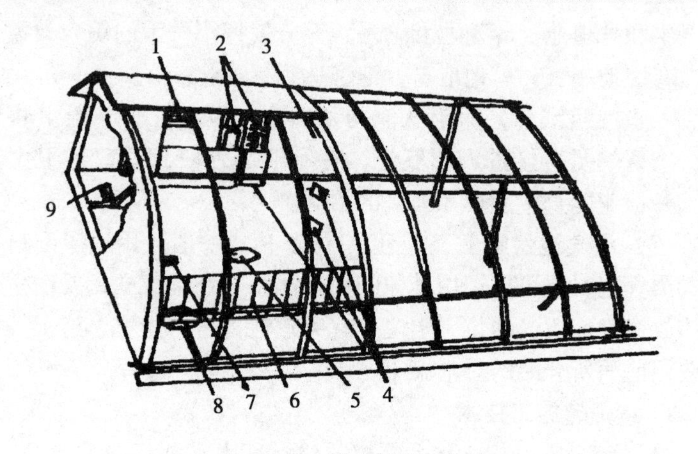

图 11－9　猪舍结构示意图

1. 通风窗　2. 门　3. 内山墙　4. 通气孔

5. 沼气池　6. 前护栏　7. 进料口　8. 溢水槽　9. 厕所

均计算，如养猪的头数多，建内山墙时，向日光温室方向移动。但要考虑到沼气池的位置，其东西长度不得小于4米。后墙顶与中梁间及中梁向南棚脚方向延伸1米，用木椽搭棚，棚上用高粱秸或玉米秸铺底，上抹5厘米厚的草泥，前舍顶也可以用水泥抹面。前坡舍顶面与模式南棚脚用竹片搭成拱形棚架，其弧度要和日光温室支架相一致。冬季上覆棚膜，与日光温室棚膜相连接，每棚可以建一栏或多栏，栏与栏之间隔墙高0.8米。猪舍南墙距棚脚0.7～1.0米建0.8米高的围墙或铁栏。在靠近北面后墙留0.8～1.0米宽的人行道，猪床与人行道间的隔墙高0.8米，下边设饲槽，每栏要开一小门，猪床前低后高，坡度8～10度，在后墙上留出小门，门高1.7米，宽0.7米，以便利到温室或猪舍作业，在猪舍后墙中央距地面1.3米留有高40厘米宽30厘米的通风窗，以便夏季猪舍通风，深秋时用草耙子泥堵封好。

②内山墙的砌筑。日光温室与猪舍之间必须砌筑12厘米宽的内山墙与日光温室相隔，顶部高度要与日光温室拱形竹片支架

相一致，内山墙地基用砖或石材砌筑宽24厘米，高70厘米；70厘米以上宽为12厘米，长度从北墙到南棚脚；在内山墙靠近北面留门，作为到日光温室作业的通道门。内山墙中部还要留两个通气孔，孔口为24厘米×24厘米；高孔距离地面1.6米，低孔距离地面70厘米，上孔为氧气的交换孔，下孔口为二氧化碳的交换孔，因为这两种气体比重不同，二氧化碳比重大于氧气比重，这两个孔使猪舍的二氧化碳和日光温室的氧气进行交换，内山墙的顶部要用水泥砂浆抹成和弓形竹片支架相一致的斜面。猪舍内的山墙、内山墙、隔栏墙距猪舍地面上返60厘米用水泥砂浆抹面，砌筑内山墙的目的是为了保证猪、菜在生产过程中有个适宜的环境，便于温度、湿度及有害气体的调控；也便于生产管理。

③在猪舍靠近北墙角建1平方米的厕所。厕所蹲位高出猪舍地面20厘米，厕所集粪口通过一斜坡暗管（或暗槽）与沼气池进料口相通。

（2）猪舍地面施工。在猪舍地面施工前要用砖砌筑好输气管路通道，砌筑时首先砌导气管周围的暗槽，导气管上端留两块活动砖，使砖的平面同水泥地面在一个平面上。通道宽12厘米，以2%的坡度通向猪舍外。砌筑输气管路通道的目的是防止猪啃坏导气管和输气管路。猪舍地面用水泥抹成，要高出自然地面20厘米。在地面上距离南棚脚1.5~2米，距外山墙1米建一个长40厘米、宽30厘米、深10厘米的溢水槽兼集粪槽（年降雨在400毫米以下的干旱地区可以不建溢水槽）。猪舍地面要抹成2%的坡度，坡向溢水槽，溢水槽南端留有溢水通道直通棚外，建溢水槽的目的主要是防止雨水灌满沼气池气箱造成不能正常贮存沼气。沼气池的进料口顶部要高出猪舍地面2厘米，顶口用钢筋做成篦子，钢筋之间的距离以能进入发酵原料为准，沼气池顶部的贮水槽要高出舍面10厘米。无拱盖的池子拱顶在猪舍下面。

猪舍地面完工后要注意养护。

二、“猪—沼—果”模式

（一）规划与设计

“猪—沼—果”模式是以一户农户为基本单元，利用房前屋后的山地、水面、庭院等场地，建成的生态农业模式。在平面布局上，要求猪栏必须建在果园内或果园旁边，不能离得太远，沼气池要与畜禽舍、厕所三结合，使之形成一个工程整体。

果园面积、生猪养殖规模、沼气池容积要合理组合。首先，要根据果园栽植的面积来确定肥料种类和需要量，然后确定猪的养殖头数，再根据生猪饲养规模来确定沼气池容积的大小。由于果树的需肥情况与树种、品种、树龄、树势、产量、土壤肥力及气候条件等诸因素有关，因此，模式的组合要根据具体果园的实际情况定。一般按户建一口 8 立方米沼气池，常年存栏 4 头猪，种 4 亩果的规模进行组合配套。

该模式也可因地制宜，从农户的客观条件出发，结合房前屋后的土地、水面等资源条件搞庭院经济，果园内种植经济作物，养其他畜禽代替养猪等。

（二）建设技术

模式的建设主要包括畜禽舍、沼气池和果园 3 部分，每个部分都是模式系统循环利用不可缺少的设施，建设质量直接关系到模式能否发挥出好的效益。

模式中的沼气池建造技术在前面已作了阐述，猪舍是本模式应用最广泛的技术，下面仅以猪舍和果园建设为主，对模式的建造作阐述。

1. 猪舍的建设

猪舍建筑合理与否，对猪的育肥及饲养息息相关。本模式的猪舍建筑要与沼气池、厕所结合，做到冬暖、夏凉、通风、明亮、干燥、空气新鲜。

（1）猪舍地址选择。建筑猪舍之前，要把场地选好。在果园或其他经济作物生产基地内或旁边，选择不积水、向阳的缓坡，使猪舍阳光充足，地势高燥，利于冬季保温。同时，还需要对水源和土壤进行勘察，选择有充足水量，水质良好，便于取用和进行卫生防疫的水源，土质结实和渗水性强的砂质土壤处建场。同时，要便于日常管理。

（2）猪舍的规划和布局。猪舍地址选定后，须根据有利于防疫、改善场地小气候、方便饲养管理、节约用地的原则，并考虑当地气候、风向、场地的地形地势、猪舍设施的尺寸以及与沼气池、厕所结合等因素，作好建筑规划，并绘出总施工图，由工程技术人员严格按图纸施工。

模式的合理布局在于正确安排猪舍的位置、朝向、间距。猪舍的朝向关系到猪舍的通风、采光和排污效果，要根据当地主导风向和太阳辐射情况确定。猪舍一般为长方形，朝向一般为坐北朝南，偏东12℃左右，猪舍之间的距离，应以能满足光照、通风、卫生防疫和防火的要求为原则，不要过大，也不宜过小，一般南向的猪舍间距离，可为猪舍屋檐高的3倍，其他类型的猪舍应为檐高的3~5倍。

（3）猪舍的模式。猪舍建筑要依据养猪的规模、性质来确定。但是，要因地制宜，就地取材，做到持久耐用和适用。按猪舍建筑的材料类型，可分为砖瓦水泥结构和片石泥土结构等。从发展来看，必须采取砖瓦水泥结构，虽然造价高一些，但经久耐用，卫生条件也较好。

（4）猪舍的设备建筑

①猪床。猪床是生猪活动的重要场所。猪床的地势至少要高于沼气池水平面20厘米以上，猪床面积要适宜，做到既有效利用空间，也利于生猪的饲养。适宜的面积：一头妊娠、哺乳母猪

5.5平方米，公猪10.5平方米，断乳仔猪0.5平方米，肥育猪1.2平方米。按这个标准确定猪床面积和养猪头数。猪床地面有硬地面和软地面两种。硬地面一般用混凝土现浇而成，并向粪尿沟方面有一定坡度，便于清扫、冲洗，使猪粪、尿直接流入沼气池。软地面系泥土地，当前农村大部分的猪舍为泥地，这种地面不能用水直接冲洗，不利于猪尿的积聚和直接入池，不宜在模式中推广。

②猪舍栅门和窗户。猪舍栅门用钢筋或木条制作，其宽度以60厘米，高90～120厘米为宜，并向内侧开放。猪舍的窗直接影响保温和通风，应该根据猪床面积来确定，但是，南窗比北窗设置多些，一般窗宽1.2米，高1.0米，距地面0.9～1.0米为宜。

③运动场。运动场是供给猪只排粪尿和活动的场所，每头成年猪的运动场面积不得少于2平方米，在运动场一角设置饲槽和饮水槽，做到便于采食、加料和清槽。如果条件允许，可安装自动饮水器。根据猪舍的实际情况，在舍内外建好粪尿沟和冲洗污水的沟道，沟宽15厘米，深10厘米，沟底呈半圆形，同时，从上游到下游必须有2%～3%的坡度，方便污水、粪尿流通，以便保持舍内干燥。

2. 果园建设

果树为多年生植物，果园的气候条件、土壤肥力、地下水位等因素是影响果树生长的重要因素。因此，慎重选择对该模式的发展具有极其重要的意义。园地选择好后，建园的标准和质量直接关系到果园的经济生产能力。不同的果树品种，建园的要求是不一样的。

三、“稻—沼—蟹”模式

（一）模式概述

“稻—沼—蟹”模式是根据稻田养蟹稻蟹共生期间不能施肥治虫的要求，从延长生物链条，使各链条间的能量流动更趋合理的思路出发，通过生产试验总结出来的一种新的生态农业模式。该模式以大田为载体，通过沼肥施用和沼液喷施防病治虫技术、稻田养蟹技术等的运用，一方面使沼液中的有机质肥料促进稻田中的浮游微生物快速生长，为螃蟹生长提供更多的饵料，降低养蟹成本，增加养蟹收入；另一方面水稻充分吸收沼液内水溶性优质有机肥料，促进稻田无公害发展，提高稻米品质。这样，本模式既合理解决了稻田中后期追肥的问题，又为蟹提供了食源，实现了稻、蟹共生且高产高效。

（二）模式技术要点

1. 插秧前整地 于6月中旬前进行一次稻田消毒，杀灭有害生物，每667平方米施生石灰70～80千克，或漂白粉（含氯30%）15～20克/平方米，化成浆全田泼洒消毒后，每667平方米施水稻专用肥50千克、尿素10千克。选用高产抗倒伏水稻品种，插秧于6月30日前完成，其中，株距10厘米，行距30厘米，667平方米18 750穴，穴插苗3株，插秧深度3.3厘米，667平方米基本苗5.6万株。

2. 蟹苗的暂养 4月中旬，把规格为4 000只/千克的蟹苗放养于暂养池内。暂养池设在稻田的一端，放苗前7天用消毒剂（每667平方米用生石灰70～80千克）将池水消毒。暂养池水深0.3～0.5米，水面暂养蟹苗每667平方米5千克，同时，在暂养池边设防逃墙。在蟹苗投放到暂养池后，要加强蟹苗的饲养管理，日投喂2次，一般在清早和下午，饲料为磨碎蒸熟后的小杂鱼。另外，每隔10天要在每千克饵料中加拌2克土霉素用于预防病害。

3. 投放蟹苗 每667平方米放养蟹苗400只，于7月中旬投入，并在田间分别设置隔离防护墙。投入蟹苗一周后，每天傍晚投饵1次喂养，并保持水位相对稳定。8月中旬前，每周换水1或2次，每次换水1/3，水稻拔节后，田面保持10厘米水深，8月下旬后每10天换水1次，每次换水1/4～1/3。

4. 喷施沼液 于7月下旬到8月下旬每隔10天喷施1次，共喷施4次，喷洒浓度为100%。叶面喷施每667平方米均匀喷洒30千克，田间泼洒每667平方米均匀泼洒80千克，于下午4时左右进行。同时，要根据稻蟹生长情况，适当调整沼液使用量。

（三）注意事项

（1）喷施沼液时要随时观察蟹苗的反应以及采食情况，如有异样应及时放水排出。

（2）投放蟹苗时要选择晴暖的天气，投放时小心谨慎。在整个过程中，做好田间防鼠、防蛇等工作。如遇大风、大雨等天气，应及时修复防护墙，排出稻田积水。

（四）模式的投资和效益分析

1. 投资估算

“稻—沼—蟹”模式投资约需4 000元。其中，沼气池（8立方米）1 500元，稻种160元，蟹苗320元，蟹池、防护墙等设施1 000元，基肥200元，饵料费200元，人工费800元。

2. 效益分析

（1）通过喷施沼液水稻产量可提高7%，单产350～400千克，成蟹6只一千克，每667平方米可按350只计算，沼气用于生活用能，合计产生经济效益约4 000元，静态投资回收期1年左右。

（2）改善稻田土壤状况，提高土壤肥力，节省化肥用量。由于只种水稻的稻田是静止水体，绝大部分溶氧都被水表的各类生物消耗掉，因此，常常造成缺氧，导致根腐病发生。养蟹后，由于蟹在水中活动，改善了土壤结构和供氧状况，有利于有机物的分解，减少了土壤的还原物质，促进了水稻的正常生长。

（3）有利于抑制杂草害虫，减少农药使用量。蟹类以杂草为食，抑制杂草的作用十分显著，杂草的减少避免了其与水稻争肥争光，提高水稻的光能利用率和肥料利用率。危害水稻的主要害虫如螟虫、稻虱等，也被生活在水中的螃蟹吞食，稻田养蟹可明显降低水稻的虫害，减少农药使用量。

四、“莲—沼—鱼”模式

（一）模式概述

莲藕作为一种脆甜可口的水生蔬菜，生育期需保持一定水位，是一种喜爱腐熟陈肥的经济作物，对腐肥的吸收率极高，鱼是水生动物，必须在水里生活。“莲—沼—鱼”能源生态模式正是根据莲藕和鱼均需要水的生物学特性，实践总结出来的一种集节水、节肥、节地、休闲、观光、生态为一体的新的生态家园技术模式。该模式以莲鱼共养为基础，通过沼肥施用和沼液喷施防病治虫技术及沼肥养鱼技术的运用，达到降低生产成本、增加产量和品质无公害的目的。莲鱼共养，由于负群的存在，导致水质浑浊，透光性减弱，使杂草难于发芽生长，利用沼肥种植莲藕，不仅提高莲地肥力，而且降低莲病虫害。沼肥养鱼的基本原理就是利用沼肥中所含的各种养分，培养浮游生物，供底栖生物孳生摄食，同时，沼肥中含有半消化或未消化的饲料，可直接供鱼食用，弥补人工饲料的养分不足，提高饲料效率，改善水质环境，充分开发利用莲藕鱼池生态系统资源，使池塘养鱼达到稳产、高产。此外，沼肥还具有耗氧少，病菌少，速、缓效肥兼备等特点，可促使浮游生物的生长繁殖，加快鱼的生长速度，缩短养殖周期，减少鱼病，经济效益显著。

（二）技术要点

1. 建好池，施足肥

莲藕鱼池一般呈长方形，占地1亩左右。先将池周围的地面下挖30～40厘米，将土堆在四周，压实、铲平就形成池周围1米高的土墙，池挖好后，将池底压实整平，铺上一层有一定厚度的塑料布。在池底塑料布上铺混凝土4EM，抹面防渗，四周混凝土上砌砖，12厘米厚砖墙砌1米高，水泥砂浆黏合，酌情加24厘米砖垛加固，墙内和墙顶抹3厘米厚的水泥面防渗，离底70厘米处留溢水孔并加滤网，墙外培土加固。开挖中心鱼沟，沟深2米，将中心鱼沟的土挖出后堆在池底部，用于种莲藕。沟底压实整平，铺一层塑料布，混凝土制面4厘米，四周混凝土上砌砖，12厘米厚墙砌至1.60米，向上每隔40厘米砌40厘米墙垛；墙内、墙外和墙顶抹3厘米厚的水泥面防渗。池子建成之后，回填活土，土厚50厘米。

莲藕生长期需肥量极大，所以，栽植前一定要施足底肥。一般每亩施入沼肥1 500～2 000千克，同时配合施一些土杂肥。施肥后，将底肥和池子里的碎土拌和均匀，池子里的土、肥厚度一般应达到0.17～0.20米。莲藕属根茎作物，生长期内不宜追肥过多，追肥过多，作物很难吸收完全，所以莲藕的底肥应占整个施肥量的90%左右。

2. 适时栽植莲藕

莲藕的栽植时间一般应在清明前后进行，栽植以前，要灌水和池，把池子里的土、肥踩成稀糊状，接着把藕种一条条地稍微斜插进去。藕种的栽植行距1.5米，株距1.3米，栽插深度为67毫米，每亩地的莲藕下种量为300～350千克。栽植时应注意藕种距池埂0.66米宽，不然夯实的池埂会影响莲藕的生长，栽植后必须及时灌水，水深33～67毫米。

3. 沼肥养鱼

放养鱼苗应在 4 月下旬，鱼种以革胡子鲶为主，推荐罗非鱼、高背鲫等品种，这几种鱼均耐肥水，耐低氧，且基本无病害，生长迅速，每池放养 800 ~ 1 000尾鱼苗。养鱼要保持水质“肥、活、爽”和投饵施肥“匀、足、好”，沼水和沼渣要轮换交替施用，少施、勤施，水肥每次每亩不超过 300 千克，渣肥每亩以不超过 150 千克为宜。施肥量可通过检测水体透明度来决定，如透明度在20 厘米以上时（即手伸入水下在20 厘米以内就看不清），说明水质较肥，可不施或少施水肥；在 30 厘米左右时为适中，可按常规量进行施肥；在 40 厘米左右时，说明水质较瘦，可适当增大施肥量。沼肥一般 10 ~ 15 天施一次。8 月份，气温高，鱼体生长快，需饵量大，浮游生物繁殖迅速，养分消耗多，此时追施沼气水肥效果最佳，而且正是莲藕“大吃大喝”的时候，可谓相得益彰。

（三）效益分析

“莲—沼—鱼”能源生态技术模式投资共计 12 400元。其中，莲藕鱼池 9 400元（147 元/平方米），沼气池 1 500元，鱼苗 800 元，莲藕种 700 元。该模式的经济效益相当可观，每亩莲鱼池可产莲藕 3 500 ~ 5 000 千克，产鱼 300 ~ 400 千克，收入达 10 000元左右。重要的是莲鱼共养，既节约了水资源，又节约了土地资源，实现了水资源和土地资源的高效利用。而且莲鱼共养，防风固沙，可有效改善滩涂生态环境，规模发展可筑成河流滩区很好的生态绿化带。

五、“牛—沼—草”模式

“牛—沼—草”能源生态模式是根据现代农业发展规律，结合农业结构调整实践总结出来的一种新的农村实用技术模式。该模式中，种植业由粮经结构调整为粮经饲结构，重点发展以人工牧草为主的饲料作物的种植；养殖业由猪鸡养殖为主改变为以草食性动物养殖为主，重点发展优质高产奶牛的养殖；国民经济走以食品工业为核心的产业化发展道路，延长产业链，带动农村和城郊相关产业的发展，带动小城镇和新农村建设。利用市场杠杆和相关组织形式，将农民组织起来，形成规模效益，加快农村劳动力转移，提高农民收入。

（一）基本原理和内容

“牛—沼—草”模式以沼气等农村实用技术组装示范为主，通过推广高技术含量、高附加值的动植物种质以及种植养殖技术，建设生态农业，生产高效有机农产品。具体内容有：建设以“人工牧草/秸秆+沼气池+奶牛等草食性动物养殖”为核心的高效农业、生态农业、有机农业建设模式。该模式由当地政府组织，企业资助并进行经营指导和技术支持，由农户所有、投资和经营，农户组成企业性质的合作社，企业与合作社签订有关产品供销和技术支持合同，双方成为风险共担、利益共享的联合体。统一规划，配套建设相应设施，如畜舍、看护房、水电设施等，使生产和经营集中连片。模式可充分利用河流故道、滩地以及山丘坡地、旱垣等，模式可由 40 户左右组合，建立 1 个奶农合作社，资助企业公司与合作社共同出资设服务站 1 个（含统一挤奶，防疫、配种等技术推广服务）。每个模式户的结构包括 5 亩地种植高蛋白牧草（多年生苜蓿），圈养（5 亩地种植的苜蓿与秸秆作为饲料）2 头基础母奶牛、一个 12 立方米的沼气池。牛粪可采取干粪收集工艺，回收后用于食用菌生产，菌渣用于肥田生产牧草，粪水进入沼气池，经过厌氧处理后，浇灌饲草地，所产沼气用于养殖小区照明、取暖等。

（二）投资与效益分析

1. 投资概算

本模式每户投资额约 20 800 元。其中，2 头基础母牛 5 000

元，5 亩饲草地费用2 500元，建造 12 立方米的沼气池及牛舍3 000元，奶牛饲料费10 000元，配种及防疫消毒费 300 元（表 11 －1 为本模式户投资分配表）。

2. 经济效益分析

据初步计算，模式正常运行后，2 头基础母牛可年产鲜奶 10 吨，每吨按现行市场价 1 800元计算，鲜奶收入可达 18 000元；同时，可年产犊牛 2 头，价值 3 000元；5 亩牧草地每年可产草 50 吨，按每吨 200 元计算，可收益 10 000元；另外，2 头牛年可产 20 立方米牛粪，每立方米按 60 元计算，可节约用肥 1 200元；沼气可节约炊事照明用能 500 元。以上共计收入 32 700元，扣除成本 20 800元，年纯收益 11 900元。

表 11 －1　模式户投资分配表

备注	分类	单位	数量	单价	金额（元）
基础母牛	头	2	2 500 元/头	5 000	西杂三代
饲料草地	亩	5	500 元/亩	2 500	其中，地租 400 元、耕地费用 100 元
沼气及圈舍				3 000	含配套设施
奶牛饲料费	头	2	5 000 元/头	10 000	
奶牛配种费	头	2	100 元/头	200	
奶牛防疫消毒费	头	2	50 元/头	100	

六、“五配套”生态果园模式

（一）原理与内容

“五配套”生态果园技术模式是从豫西丘陵旱作农业地区的实际出发，依据生态学、经济学、系统工程学原理，从有利于农业生态系统物质和能量的转换与平衡出发，充分发挥系统内的动、植物与光、热、气、水、土等环境因素的作用，建立起生物种群互惠共生，相互促进、协调发展的能源—生态—经济良性循环发展系统，高效率利用农民所拥有的土地资源和劳动力资源，引导农民脱贫致富，创造良好的生态环境，带动农村经济可持续发展的一种技术模式，该系统以农户土地资源为基础，以太阳能为动力，以沼气池为纽带，形成以农带牧，以牧促沼，以沼促果，果牧结合，配套发展的良性循环体系。模式以5亩左右的成龄果园为基本生产单元，在果园或农户住宅前后配套一口8立方米的新型高效沼气池，一座12平方米的太阳能猪圈，一眼60立方米的水窖及配套的集雨场，一套果园节水滴灌系统。模式实行人厕、沼气、太阳能猪舍、水窖、果园五配套，圈下建沼气，池上搞养殖，多种经营，效益倍增。

（二）特点和技术要点

（1）沼气池是生态果园工程模式的核心，起着联结养殖与种植、生活用能与生产用肥的纽带作用。在果园或农户住宅前后建一口8立方米的沼气发酵池，既可解决点灯、做饭所需燃料，又可解决人畜粪便随地排放造成的各种病虫害的孳生，改变农村生态环境。同时，沼气池发酵后的沼液可用于果树叶面喷肥、打药、喂猪，沼渣可用于果园施肥，从而达到改善环境，利用能源，促进生产，提高生活水平的目的。

（2）太阳能猪舍是实现以牧促沼，以沼促果，果牧结合的前提。利用太阳能养猪，解决了猪和沼气池的越冬问题，提高了猪的生长率和沼气池的产气率。太阳能猪舍北墙内侧设0.8～1.0米的走廊，北走廊与猪舍之间用1米高的铁栅栏或24厘米砖墙隔开。北墙为37厘米实心砖墙或夹心保温墙，墙高1.8米，在其中部1.2米高处设0.3米×0.6米的通风窗，东、西、南三面为24厘米砖墙，南墙高1米，东、西墙上部形状和骨架形状一致。

（3）集水系统是收集和贮蓄地表径流雨、雪等水资源的集水场、水窖等设施。作为果园配套集水系统，除供沼气池、园内喷药及人、畜生活用水外，还可弥补关键时期果园滴灌、穴灌用水，防止关键时期缺水对果树生育的影响。每个水窖按体积 60 立方米设计，采用拱形窖顶、园台形窖体的水窖结构，能保证水窖窖体在蓄水和空置时都能保持相对稳定。水窖在每年 5～9 月份收集自然降雨，加上循环多次用水，再蓄水，年可蓄集自然降雨 120～180 立方米。

（4）滴灌系统是将水窖中蓄积的雨水通过水泵增压提水，经输水管道输送、分配到滴灌管滴头，以水滴或细小射流均匀而缓慢地滴入果树根部附近。结合灌水可使沼气发酵系统产生的沼液随灌水施入果树根部，使果树根系区经常保持适宜的水分和养分。

（三）投资与效益分析

1. 投资概算

“五配套”生态果园技术模式需要投资约11 000元。其中，建设 8 立方米的沼气池1 500元，一座 12 平方米的太阳能猪舍2 000元，一眼60 立方米的水窖及配套的集雨场1 000元，一套果园节水滴灌系统1 500元，5 亩左右的果园投入约5 000元。

2. 效益分析

（1）利用太阳能猪舍养猪，加之沼液养猪技术的应用，可节省饲料 40～60 千克，提早出栏 40～60 天，每头猪增收节支 100～200 元。

（2）沼液、沼渣在果树上的应用，每亩可节约有机肥料等生产费用400 多元，且果品质量好，商品率由 65% 提高到 85% 以上，每亩可增加500 千克左右的商品果，增收500 元左右。

（3）使用沼气做饭点灯可节煤 800～1 000 千克，折合人民币约 100 元。

实施“五配套”生态果园技术模式，整个系统年增收节支可达4 000～5 000 元，静态投资回收期为2. 5 年。

主要参考文献

[1] 农业部人事劳动司．沼气生产工．北京：中国农业出版社，2004

[2] 国家发展与改革委员会农村经济司、农业部发展计划司、农业部科技教育司．农村沼气建设管理实践与研究．北京：中国农业出版社，2009

[3] 农业部发展计划司．新农村沼气工程建设新技术、新工艺优化设计与工程规划、预算定额编制及工程审批、资金监控稽查应用手册．北京：中国农业出版社，2009

[4] 中国农村能源行业协会．户用沼气高效使用技术．北京：科学出版社，2008

[5] 倪慎军．农村小康与沼气建设．郑州：中原农民出版社，2004